高等职业教育系列教材

嵌入式技术基础与实践项目化教程

——基于 ARM Cortex-M4 内核 STM32L431 微控制器

王宜怀　索明何　王玉丽　编著

机械工业出版社

本书采用项目化教学方式，以“项目、任务、活动”理实一体教学模式呈现教学内容。按照循序渐进、搭积木的设计思想，共设计了 10 个项目：初识嵌入式系统、闪灯的设计与实现、利用 UART 实现上位机和下位机的通信、利用定时中断实现频闪灯和电子时钟、利用 PWM 实现小灯亮度控制、利用输入捕捉测量脉冲信号的周期和脉宽、利用 ADC 设计简易数字电压表、SPI 串行通信的实现、I^2C 串行通信的实现、利用 TSC 实现触摸感应功能。其中，第 1 个项目旨在帮助读者初步认识嵌入式系统；其余项目均基于构件化设计，且均采用“通用知识”→“底层驱动构件的使用”→“应用层程序设计”→“拓展任务”的学习流程。最后可根据教学需要，选择部分项目或全部项目进行综合应用系统设计和课程考核。

为了方便教学和读者自学，本书配有在线教学资源，包括芯片资料、使用文档、硬件说明、源程序等。同时，本书配有微课视频，扫描二维码即可观看。另外，本书配有电子课件，需要的教师可登录机械工业出版社教育服务网（www.cmpedu.com）免费注册，审核通过后下载，或联系编辑索取（微信：13261377872，电话：010-88379739）。

本书可作为高职高专电子信息类、计算机类、自动化类、机电类等专业的单片机与嵌入式系统教材，也可供从事嵌入式技术开发的工程技术人员参考。

图书在版编目（CIP）数据

嵌入式技术基础与实践项目化教程：基于 ARM Cortex-M4 内核 STM32L431 微控制器 / 王宜怀，索明何，王玉丽编著．—北京：机械工业出版社，2023.4（2025.1 重印）

高等职业教育系列教材

ISBN 978-7-111-70703-5

Ⅰ. ①嵌…　Ⅱ. ①王…　②索…　③王…　Ⅲ. ①微处理器-系统设计-高等职业教育-教材　Ⅳ. ①TP332

中国版本图书馆 CIP 数据核字（2022）第 077004 号

机械工业出版社（北京市百万庄大街 22 号　邮政编码 100037）
策划编辑：和庆娣　　责任编辑：和庆娣
责任校对：张艳霞　　责任印制：单爱军

北京虎彩文化传播有限公司印刷

2025 年 1 月第 1 版・第 2 次印刷
184mm×260mm・11.25 印张・218 千字
标准书号：ISBN 978-7-111-70703-5
定价：49.00 元

电话服务	网络服务
客服电话：010-88361066	机　工　官　网：www.cmpbook.com
010-88379833	机　工　官　博：weibo.com/cmp1952
010-68326294	金　　书　　网：www.golden-book.com
封底无防伪标均为盗版	机工教育服务网：www.cmpedu.com

Preface 前 言

“单片机与嵌入式系统”是电子信息类、自动化类等专业的核心课程，该课程面向嵌入式系统设计师工作岗位，目的是为社会培养嵌入式智能产品设计、分析、调试与创新能力的高素质技术技能型人才。

嵌入式计算机系统简称为嵌入式系统，其概念最初源于传统测控系统对计算机的需求。随着以微处理器（MPU）为内核的微控制器（MCU）制造技术的不断进步，计算机领域在通用计算机系统与嵌入式计算机系统这两大分支分别得以发展。通用计算机已经在科学计算、通信、日常生活等领域产生重要影响。在后 PC 时代，嵌入式系统的广阔应用是计算机发展的重要特征。一般来说，嵌入式系统的应用范围可以粗略分为两大类：一类是电子系统的智能化（如工业控制、汽车电子、数据采集、测控系统、家用电器、现代农业、嵌入式人工智能及物联网应用等），这类应用也被称为微控制器（MCU）领域。另一类是计算机应用的延伸（如平板计算机、手机、电子图书等），这类应用也被称为应用处理器（MAP）领域。在 ARM 系列产品中，ARM Cortex-M 系列与 ARM Cortex-R 系列适用于电子系统的智能化类应用，即微控制器领域；ARM Cortex-A 系列适用于计算机应用的延伸，即应用处理器领域。不论如何分类，嵌入式系统的技术基础是不变的，即要完成一个嵌入式系统产品的设计，需要掌握硬件、软件及行业领域相关知识。但是，随着嵌入式系统中软件规模的日益增大，对嵌入式底层驱动软件的封装也提出了更高的要求，可复用性与可移植性受到特别的关注，嵌入式软硬件构件化开发方法逐步被业界所重视。

为了实现嵌入式系统设计的可移植性和可复用性，嵌入式硬件和嵌入式软件均采用构件化的设计思想，即对嵌入式硬件和嵌入式软件进行封装，供系统设计者调用，并倡导嵌入式软件分层设计的理念，以降低嵌入式技术的教学难度和开发难度，为因材施教提供有效可行的途径，有效突出学生的学习主体地位，充分调动学生的学习积极性，使学生具有一定的创新意识和创新能力。

本书在编写过程中，坚持以学习者为中心的教学理念，按照“以学生为中心、学习成果为导向、促进自主学习”的思路进行教材开发设计，充分体现“做中学、学中做”“教、学、做一体化”等教育教学特色，使学校教学过程与企业的生产过程相对接。以实际、实用、必需、够用为原则，本书采用项目化教学方式，以“项目、任务、活动”理实一体教学模式呈现教学内容。

本书使用意法半导体公司的 ARM Cortex-M4 内核的 STM32L431 微控制器为蓝本，阐述嵌入式硬件构件和嵌入式软件构件的设计方法和使用方法。需要特别说明的是，本书以知识要素为基本立足点设计芯片底层驱动，使得应用程序与芯片无关，具有通用嵌入式计算机（GEC）性质。按照循序渐进、搭积木的设计思想，共设计了 10 个项目。最后可根据教学需要，选择部分项目或全部项目进行综合应用系统设计和课程考核。

本书具有以下特点。

1）把握通用知识与芯片相关知识之间的平衡。书中对于嵌入式“通用知识”的基本原理，以应用为立足点，进行语言简洁、逻辑清晰的阐述，同时注意与芯片相关知识之间的衔接，使读者在理解基本原理的基础上，学习芯片应用的设计，同时反过来加深对通用知识的理解。

2）把握硬件与软件的关系。嵌入式系统是软件与硬件的综合体，嵌入式系统设计是一个软件与硬件协同设计的工程，不能像通用计算机那样，把软件、硬件完全分开来看。特别是对电子系统智能化嵌入式应用来说，没有对硬件的理解就不可能设计好嵌入式软件，同样，没有对软件的理解也不可能设计好嵌入式硬件。因此，本书注重把握硬件知识与软件知识之间的关系。

3）对底层驱动进行构件化封装。书中对每个模块均给出根据嵌入式软件工程基本原则及构件化封装要求编制的底层驱动程序，同时给出详细、规范的注释及对外接口，为实际应用提供底层构件，方便移植与复用，从而为读者进行实际项目开发节省大量时间。

4）设计合理的测试用例。书中所有源程序均经测试通过，并在本书的在线教学资源中提供测试用例，避免了因例程的书写或固有错误给读者带来烦恼。这些测试用例也为读者验证与理解带来方便。

5）在线教学资源提供了所有模块完整的底层驱动构件化封装程序与测试用例、芯片资料、使用文档、硬件说明等，还制作了课件，在线教学资源的版本将会适时更新。

本书由王宜怀、索明何和王玉丽编著。王宜怀负责全书的策划、内容安排、案例选取和统稿工作。

本书在编写过程中，得到了意法半导体（ST）大学计划的丁晓磊、ARM 中国教育生态部的王梦馨、南京沁恒微电子的杨勇及刘帅的热心帮助和指导，在此一并表示衷心的感谢。

由于编者水平有限，疏漏之处在所难免，恳请广大专家和读者提出宝贵的修正意见和建议。

编　者

硬件资源及在线教学资源

本书采用的硬件是 AHL-STM32L431，如图 1 所示。

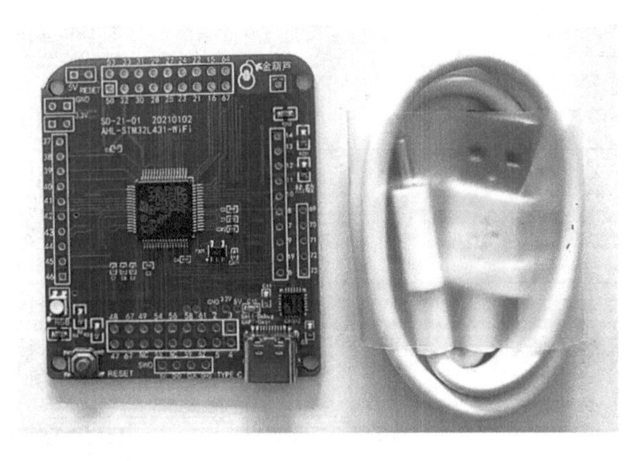

图 1　AHL-STM32L431

本书配有在线教学资源，在“百度”中搜索“苏州大学嵌入式学习社区”官网（sumcu.suda.edu.cn），从“教材”→“高职版嵌入式教材”中可下载本书配套的学习资源（包括芯片资料、使用文档、硬件说明、源程序、电子课件等）。文件夹名称及内容说明见表 1 所示。

表 1　文件夹名称及内容说明

文件夹名称		内容说明
01-Information		内核及芯片文档
02-Document		补充阅读材料、硬件使用说明等
03-Hardware		硬件文档
04-Software	XM01	硬件测试程序
	XM02	闪灯测试程序
	XM03	UART测试程序
	XM04	Timer和SysTick定时器测试程序
	XM05	PWM测试程序
	XM06	输入捕捉、输出比较测试程序
	XM07	ADC测试程序
	XM08	SPI测试程序
	XM09	I^2C测试程序
	XM10	TSC测试程序
05-Tool		AHL-STM32L431板载TTL-USB芯片驱动程序

二维码资源清单

序号	名称	图形	页码
1	任务 1.1　运行硬件系统		1
2	任务 1.2　熟悉嵌入式系统的定义、发展简史、分类及特点		5
3	任务 1.3　熟悉嵌入式系统的学习方法		12
4	任务 1.4　掌握以 MCU 为核心的嵌入式系统组成		19
5	任务 2.1　STM32L431 硬件最小系统设计		23
6	任务 2.2　由 MCU 构建通用嵌入式计算机		34
7	任务 2.3　GPIO 底层驱动构件文件的使用		41
8	任务 3.1　熟知 UART 的通用知识		55
9	任务 3.2　熟知中断的通用知识		60
10	任务 3.3　UART 底层驱动构件的使用		67

（续）

目录 Contents

项目 1　初识嵌入式系统

项目导读：

嵌入式系统即嵌入式计算机系统（Embedded Computer System），它不仅具有通用计算机的主要特点，还具有自身特点。嵌入式系统不单独以通用计算机的产品面貌出现，而是隐含在各类具体的智能产品中，如手机、机器人、自动驾驶系统等。嵌入式系统在嵌入式人工智能、物联网、工厂智能化等产品中起核心作用。

作为全书导引，本项目首先从运行第一个嵌入式程序开始，使读者直观认识到嵌入式系统就是一个实实在在的微型计算机；接着阐述嵌入式系统的定义、发展简史、分类及特点；给出嵌入式系统的学习困惑、知识体系及学习建议；最后给出以微控制器为核心的嵌入式系统的组成。

任务 1.1　运行硬件系统

任务 1.1　运行硬件系统

1.1.1　实践体系简介

由于嵌入式系统是一门理论与实践密切结合的课程，为了使读者能够更好、更快地学习嵌入式系统，苏州大学嵌入式人工智能与物联网实验室（简称 SD-EAI&IoT）研发了 AHL-STM32L431 嵌入式开发套件。该套件由硬件部分和电子教学资源两个部分组成。

1．硬件部分

如图 1-1 所示，AHL-STM32L431 以 STM32L431 为核心，辅以硬件最小系统，集成红绿蓝三色灯、温度传感器、触摸感应区、复位按钮、两路 TTL-USB 串口和外接 Type-C 数据线[①]，从而形成完整的通用嵌入式计算机（General Embedded Computer，GEC），配合补充阅读材料，读者可以很方便地进行嵌入式系统的学习与开发。该硬件为基础型，可以完成本书 90%的实验。为了满足学校实验室建设要求，还制作了增强型硬件，增加了 9 个外接组件，包括声音传感

① Type-C 数据线是 2014 年面市的基于 USB3.1 标准接口的数据线，没有正反方向的区别，可承受 1 万次反复插拔。

笔记

器、加速度传感器、人体红外传感器、循迹传感器、振动马达、蜂鸣器、四按钮模块、彩灯及数码管等，可完成一些扩展实验。该硬件亦可适用通过主板上的开放式外部引脚外接其他接口模块进行创新性实验。增强型的包装分为盒装式和箱装式，盒装式便于携带，学生可借出实验室，而箱装式主要供学生在实验室进行实验。

AHL-STM32L431 嵌入式开发套件由 AHL-STM32L431 主板与一根标准的 Type-C 数据线组成，具体内容如表 1-1 所示。

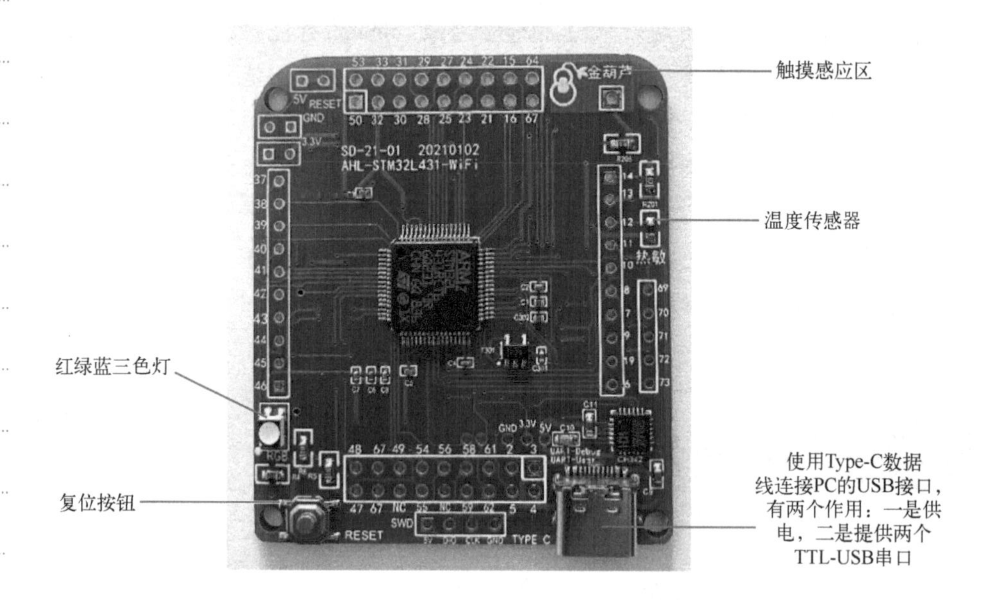

图 1-1 AHL-STM32L431 嵌入式开发套件

表 1-1 AHL-STM32L431 嵌入式开发套件

名称	数量	备注
AHL-STM32L431	1 套	① 内含微控制器（型号：STM32L431）、5V 转 3. 3V 电源、红绿蓝三色灯、温度传感器、触摸感应区、两路 TTL-USB 串口、复位按钮等； ② 对外接口：GPIO、UART、SPI、I²C、ADC、DAC、PWM 等
Type-C 数据线	1 根	标准 Type-C 数据线，供取电与串口通信使用

AHL-STM32L431 是一个典型的嵌入式系统，虽然体积很小，但它包含了计算机的基本要素，可谓“麻雀虽小，五脏俱全”。下面从运行这个小小的微型计算机开始，开启嵌入式系统的学习之旅。

出厂时已经将电子教学资源中的“.. \04-Software\XM01”文件夹下的测试程序写入这个嵌入式计算机内，只要给它供电，其中的程序即可运行，步骤如下。

步骤 1：使用 Type-C 数据线给主板供电。将 Type-C 数据线的小端连接主板，另外一端接通用计算机的 USB 接口。

笔记

步骤 2：观察程序运行效果。现象如下：①红、绿、蓝各灯每隔 5s、10s、20s 状态变化一次，对外表现为三色灯的合成色，其实际效果如图 1-2 所示。即开始时为暗，依次变化为红、绿、黄（红+绿）、蓝、紫（红+蓝）、青（蓝+绿）、白（红+蓝+绿），周而复始；②用手触摸主板上标有“热敏”字样的温度传感器，可以看到黄灯闪烁 3 次；③用手触摸主板上标有“金葫芦”字样的触摸区，可以看到白灯闪烁 3 次。

合成色				红+绿		红+蓝	蓝+绿	红+蓝+绿				红+绿		红+蓝	蓝+绿	红+蓝+绿				红+绿
	暗	红	绿	黄	蓝	紫	青	白	暗	红	绿	黄	蓝	紫	青	白	暗	红	绿	黄
蓝灯																				
绿灯																				
红灯																				
时间/s	0	5	10	15	20	25	30	35	40	45	50	55	60	65	70	75	80	85	90	95

图 1-2　三色灯实际效果

从运行效果可以了解这个小小的嵌入式计算机的功能。实际上，该嵌入式计算机的功能十分丰富，通过编程可以完成智能化领域的许多重要任务，本书将由此带领读者逐步进入嵌入式系统的广阔天地。

2．在线教学资源

在线教学资源中包含了芯片资料、使用文档、硬件说明、源程序、电子课件等。读者可以通过百度搜索“苏州大学嵌入式学习社区”官网，随后进入“教材”→“高职版嵌入式教材”→“高职版教材金葫芦小助手”，在小助手协助下完成电子教学资源的下载及集成开发环境的下载与安装。

需要说明的是，嵌入式软件开发有别于个人计算机（Personal Computer，PC）软件开发的一个显著的特点是：它需要一个交叉编译和调试环境，即工程的编辑和编译所使用的工具软件通常在 PC 上运行，这个工具软件通常称为集成开发环境（Integrated Development Environment，IDE），而编译生成的嵌入式软件的机器码文件则需要通过写入工具下载到工具机上执行。这里的工具机就是人们通常使用的台式个人计算机或笔记本式个人计算机。本书的工具机就是 AHL-STM32L431 开发套件。

本书使用的集成开发环境为 SD-EAI&IoT 推出的 AHL-GEC-IDE，它具有编

笔记

辑、编译、链接等功能，特别是配合“金葫芦”硬件，可直接运行和调试程序，根据芯片型号的不同，可兼容其他常用的嵌入式集成开发环境。需要注意的是，PC 的操作系统需要使用 Windows 10 版本。

安装集成开发环境之后，请读者尝试下载一个程序到嵌入式计算机中运行。

1.1.2 编译、下载与运行第一个嵌入式程序

步骤 1：硬件接线。将 Type-C 数据线的小端连接主板的 Type-C 接口，另外一端接通用计算机的 USB 接口。

步骤 2：打开环境，导入工程。打开集成开发环境 AHL-GEC-IDE，单击菜单“文件”→“导入工程”，随后选择电子教学资源中“..\04-Software\XM01\AHL-STM32L431-Test”（文件夹名就是工程名。注意：路径中不能包含汉字，也不能太深）。导入工程后，左侧为工程树形目录，右侧为文件内容编辑区，初始显示 main.c 文件内容，如图 1-3 所示。

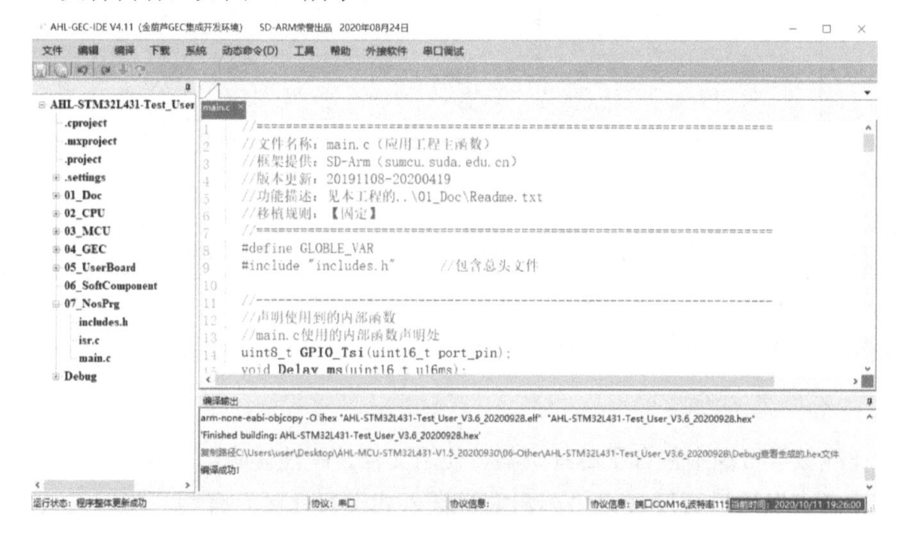

图 1-3 IDE 界面及编译结果

步骤 3：编译工程。单击菜单“编译”→“编译工程”，就开始编译。正常情况下，编译后会显示“编译成功!”。

步骤 4：连接 GEC。单击菜单“下载”→“串口更新”，将进入更新窗体界面。单击“连接 GEC”按钮，查找目标 GEC，若提示“成功连接……”，可进行下一步操作。若连接不成功，则可参阅电子教学资源中“..\02-Document”文件夹内的快速指南文档中的“常见问题及解决办法”一节进行解决。

步骤 5：下载机器码。单击“选择文件”按钮，导入被编译工程目录下 Debug 的.hex 文件，然后单击“一键自动更新”按钮，等待程序自动更新完成。当更新完

成之后，程序将自动运行。

步骤 6：观察运行结果。与 1.1.1 节一致，这就是出厂时写入的程序。

步骤 7：通过串口观察运行情况。①观察程序运行过程。单击菜单“工具”→“串口工具”，选择其中一个串口，波特率设为 115200 并打开，串口调试工具页面会显示三色灯的状态、MCU 温度、环境温度（若没有显示，则关闭该串口，打开另一个串口）。②验证串口收发。关闭已经打开的串口，打开另一个串口，波特率选择默认参数，在“发送数据”按钮右侧的文本框中输入字符串，然后单击“发送数据”按钮。正常情况下，主板会回送数据给计算机，并在接收框中显示，效果如图 1-4 所示。

串口测试工程 (V2.0) 202004　SD-Arm出品
串口设置
串口选择 COM14　波特率选择 115200　关闭串口
串口号、波特率:COM14、115200　无校验,8位数据位,1位停止位
发送数据设置
选择发送方式 字符串　请输入字符串!
这里是苏州大学嵌入式社区!
发送数据　清空发送框
接收数据设置　清空接收框
字符形式　□十进制形式　□十六进制形式
这里是苏州大学嵌入式社区!
这里是苏州大学嵌入式社区!
这里是苏州大学嵌入式社区!
隐藏状态条
过程提示:数据接收成功!

图 1-4　IDE 内嵌的串口调试工具

有了这些初步体验，下面开始正式学习嵌入式系统，首先了解嵌入式系统的定义、发展简史、分类及特点。

笔 记

任务 1.2　熟悉嵌入式系统的定义、发展简史、分类及特点

任务 1.2　熟悉嵌入式系统的定义、发展简史、分类及特点

1.2.1　嵌入式系统的定义

嵌入式系统有多种多样的定义，但本质是相同的。美国 CRC 出版社出版的

笔 记

Jack Ganssle 和 Michael Barr 的著作 *Embedded System Dictionary*[①]给出的嵌入式系统的定义：嵌入式系统是一种计算机硬件和软件的组合，也许还有机械装置，用于实现一个特定功能。在某些特定情况下，嵌入式系统是一个大系统或产品的一部分。该词典还给出了嵌入式系统的一些示例，如微波炉、手持电话、数字手表、巡航导弹、全球定位系统接收机、数字照相机、遥控器等，难以尽数。通过与通用计算机的对比可以更形象地理解嵌入式系统的定义。该词典给出的通用计算机定义是：计算机硬件和软件的组合，用作通用计算平台。个人计算机是最流行的现代计算机。

下面将列举其他文献给出的定义，以便了解对嵌入式系统定义的不同表述方式，也可看作从不同角度定义嵌入式系统。

国家标准 GB/T 22033—2017《信息技术 嵌入式系统术语》给出的嵌入式系统定义：置入应用对象内部，起信息处理或控制作用的专用计算机系统。它是以应用为中心，以计算技术为基础，软件硬件可剪裁，对功能、可靠性、成本、体积、功耗有严格约束的专用计算机系统，其硬件至少包含一个微控制器或微处理器。

IEEE（Institute of Electrical and Electronics Engineers，电气电子工程师学会）给出的嵌入式系统定义：嵌入式系统是控制、监视或者辅助装置、机器和设备运行的装置。

维基百科（英文版）给出的嵌入式系统定义：嵌入式系统是一种用计算机控制的、具有特定功能的、较小的机械或电气系统，且经常有实时性的限制，在被嵌入整个系统中时一般包含硬件部件和机械部件。现如今，嵌入式系统控制了人们日常生活中的许多设备，98%的微处理器被用在了嵌入式系统中。

国内对嵌入式系统的定义曾进行过广泛讨论，有许多不同说法。其中，嵌入式系统定义的涵盖面问题是主要争论焦点之一。例如，有的学者认为不能把手持电话叫嵌入式系统，而只能把其中起控制作用的部分叫嵌入式系统，而手持电话可以称为嵌入式系统的应用产品。其实，这些并不妨碍人们对嵌入式系统的理解，因此不必对定义感到困惑。有些国内学者特别指出，在理解嵌入式系统定义时，不要把嵌入式系统与嵌入式系统产品相混淆。实际上，从口语或书面语言角度，不区分“嵌入式系统”与“嵌入式系统产品”，只要不妨碍对嵌入式系统的理解就没有关系。

总的说来，可以从计算机本身的角度来概括表述嵌入式系统。嵌入式系统，即嵌入式计算机系统，它是不以计算机面貌出现的“计算机”，这个计算机系统隐含在各类具体的产品之中，这些产品中的计算机程序起到了重要作用。

① Jack Ganssle，Michael Barr. 英汉双解嵌入式系统词典[M]. 马广云，潘琢金，彭甫阳，译. 北京：北京航空航天大学出版社，2006.

1.2.2 嵌入式系统的发展简史

笔 记

1. 嵌入式系统的由来

通俗地说，计算机是因科学家需要一个高速的计算工具而产生的。直到 20 世纪 70 年代，电子计算机在数字计算、逻辑推理及信息处理等方面表现出非凡的能力。而在通信、测控与数据传输等领域，人们对计算机技术给予了更大的期待。这些领域的应用与单纯的高速计算要求不同，主要表现在：直接面向控制对象；嵌入具体的应用产品中，而非以计算机的面貌出现；能在现场连续可靠地运行；体积小，应用灵活；突出控制功能，特别是对外部信息的捕捉与丰富的输入/输出功能等。由此可以看出，满足这些要求的计算机与满足高速数值计算的计算机是不同的。因此，一种称之为微控制器（单片机）[①] 的技术得以产生并发展。为了区分这两种计算机类型，通常把满足海量高速数值计算的计算机称为通用计算机系统，而把嵌入实际应用系统中，实现嵌入式应用的计算机称为嵌入式计算机系统，简称嵌入式系统。可以说，是通信、测控与数据传输等领域对计算机技术的需求催生了嵌入式系统的产生。

2. 嵌入式系统的发展

1946 年，世界上第一台电子数字积分计算机（The Electronic Numerical Integrator And Calculator，ENIAC）诞生。它由美国宾夕法尼亚大学莫尔电工学院制造，重达 30t，总体积约 $90m^3$，占地 $170m^2$，耗电 140kW·h，运算速度为 5000 次/s 加法，标志着计算机时代开始。其最重要的部件是中央处理器（Central Processing Unit，CPU），它是一台计算机的运算和控制核心。CPU 的主要功能是解释指令和处理数据，其内部含有运算逻辑部件，即算术逻辑运算单元（Arithmetic Logic Unit，ALU）、寄存器部件和控制部件等。

1971 年，Intel 公司推出了单芯片 4004 微处理器（Micro-Processor Unit，MPU），它是世界上第一个商用微处理器，Busicom 公司就是用它制作电子计算器的，这就是嵌入式计算机的雏形。1976 年，Intel 公司又推出了 MCS-48 单片机（Single Chip Microcomputer，SCM），这个内部含有 1KB 只读存储器（Read Only Memory，ROM）、64B 随机存取存储器（Random Access Memory，RAM）的简单芯片成为世界上第一个单片机，开创了将 ROM、RAM、定时器、并行口、串行口及其他各种功能模块等 CPU 外部资源，与 CPU 一起集成到一个硅片上生产的时代。1980 年，Intel 公司对 MCS-48 单片机进行了完善，推出了 8 位 MCS-51 单片机，并获得巨大成功，开启了嵌入式系统的单片机应用模式。至今，MCS-51 单片机仍有较多应用。这类系统大部分应用于一些简单、专业性强

① 微控制器与单片机这两个术语的语义是基本一致的，本书后面除讲述历史之外，一律使用微控制器一词。

笔 记

的工业控制系统中，早期主要使用汇编语言编程，后来大部分使用 C 语言编程，一般没有操作系统的支持。

20 世纪 80 年代，市场上逐步出现了 16 位、32 位微控制器（Micro-Controller Unit，MCU）。1984 年，Intel 公司推出了 16 位 8096 系列，并将其称为嵌入式微控制器，这可能是“嵌入式”一词第一次在微处理机领域出现。这个时期，Motorola、Intel、TI、NXP、Atmel、Microchip、Hitachi、Philips、ST 等公司陆续推出了不少微控制器产品，功能不断变强，也逐步支持了实时操作系统。

20 世纪 90 年代开始，数字信号处理器（Digital Signal Processing，DSP）、片上系统（System on Chip，SoC）得到了快速发展。嵌入式处理器扩展方式从并行总线型发展出各种串行总线，并被工业界所接受，形成了一些工业标准，如集成电路互联（Inter-Integrated Circuit，I^2C）总线、串行外设接口（Serial Peripheral Interface，SPI）总线。甚至将网络协议的低两层或低三层都集中到嵌入式处理器上，如某些嵌入式处理器集成了控制器局域网（Control Area Network，CAN）接口、以太网接口。随着超大规模集成电路技术的发展，将数字信号处理器、精简指令集计算机[①]、存储器、I/O、半定制电路集成到单芯片的产品 SoC 中。值得一提的是，ARM 微处理器的出现，促进了嵌入式系统的较快发展。

21 世纪开始以来，嵌入式系统芯片制造技术快速发展，融合了以太网与无线射频技术，成为物联网（Internet of Things，IoT）的关键技术基础。嵌入式系统发展的目标应该是实现信息世界和物理世界的完全融合，构建一个可控、可信、可扩展并且安全高效的**信息物理系统**（Cyber-Physical System，CPS），从根本上改变人类构建工程物理系统的方式。此时的嵌入式设备不仅要具备个体智能（Computation，计算）、交流智能（Communication，通信），还要具备在交流中的影响和响应能力（Control，控制与被控），实现“智慧化”。显然，今后嵌入式系统研究要与网络和高性能计算的研究更紧密地结合。

在嵌入式系统的发展历程中，由于 ARM 处理器占据了嵌入式市场的最重要份额，因此本书以 ARM 处理器为蓝本阐述嵌入式应用，下面简要介绍 ARM。

---

① 精简指令集计算机（Reduced Instruction Set Computer，RISC）的特点是指令数目少、格式一致、执行周期一致、执行时间短，采用流水线技术等。它是 CPU 的一种设计模式，这种设计模式对指令数目和寻址方式都做了精简，使其实现更容易，指令并行执行程度更好，编译器的效率更高。这种设计模式的技术背景是：CPU 实现复杂指令功能的目的是让用户代码更加便捷，但复杂指令通常需要几个指令周期才能实现，且实际使用较少；此外，处理器和主存之间运行速度的差别也变得越来越大。这样，人们发展了一系列新技术，使处理器的指令得以流水执行，同时降低处理器访问内存的次数。RISC 是对比于复杂指令计算机（Complex Instruction Set Computer，CISC）而言的，可以粗略地认为，RISC 只保留了 CISC 常用的指令，并进行了设计优化，更适合设计嵌入式处理器。

笔 记

3. ARM简介

ARM（Advanced RISC Machine）既可以认为是一个公司的名称，也可以认为是对一类微处理器的通称，还可以认为是一种技术的名称。

1985年4月26日，第一个ARM原型在英国剑桥的Acorn计算机有限公司诞生，由美国加州San Jose VLSI技术公司制造。20世纪80年代后期，ARM很快开发完成Acorn的台式机产品，形成了英国的计算机教育基础。1990年成立了Advanced RISC Machines Limited（后来简称为ARM Limited，ARM公司）。20世纪90年代，ARM的32位嵌入式RISC处理器扩展到世界各地。ARM处理器具有耗电少、功能强、16位/32位双指令集和众多合作伙伴的特点。ARM处理器占据了低功耗、低成本和高性能的嵌入式系统应用领域的重要地位。目前，采用ARM技术知识产权（Intellectual Property，IP）的微处理器，即通常所说的ARM微处理器，已遍及工业控制、消费类电子产品、通信系统、网络系统、无线系统等各类嵌入式产品市场，基于ARM技术的微处理器的应用，约占据了32位RISC微处理器75%以上的市场份额，ARM技术正在逐步渗入人们生活的各个方面。

1993年，ARM公司发布了全新的ARM7处理器核心。其中的代表产品为ARM7-TDMI，它搭载了Thumb指令集①，是ARM公司通用32位微处理器家族的成员之一。其代码密度提升了35%，内存占用也与16位处理器相当。

2004年开始，ARM公司在经典处理器ARM11以后不再用数字命名处理器，而统一改用“Cortex”命名，并分为A、M和R三类，旨在为各种不同的市场提供服务。

ARM Cortex-A系列处理器是基于ARM v8A/v7A架构基础的处理器，面向具有高计算要求、运行丰富操作系统以及提供交互媒体和图形体验的应用领域，如智能手机、移动计算平台、超便携的上网笔记本计算机或智能笔记本计算机等。

ARM Cortex-M系列是基于ARM v7M/v6M架构基础的处理器，面向对成本和功耗敏感的MCU和终端应用，如智能测量、人机接口设备、汽车和工业控制系统、大型家用电器、消费性产品和医疗器械等。

ARM Cortex-R系列是基于ARM v7R架构基础的处理器，面向实时系统，为具有严格的实时响应限制的嵌入式系统提供高性能计算解决方案。目标应用包括智能手机、硬盘驱动器、数字电视、医疗行业、工业控制、汽车电子等。Cortex-R处理器是专为高性能、可靠性和容错能力而设计的，其行为具有高确定性，同时保持很高的能效和成本效益。

---

① Thumb指令集可以看作是ARM指令压缩形式的子集，它是为减小代码量而提出的，具有16位的代码密度。Thumb指令体系并不完整，只支持通用功能，必要时仍需要使用ARM指令，如进入异常时。Thumb指令的格式和使用方式与ARM指令集类似。

笔 记

2009 年，ARM 公司推出了体积更小、功耗更低和能效更高的处理器 Cortex-M0。这款 32 位处理器问世后，打破了一系列的授权记录，成为各制造商竞相争夺的“香饽饽”，仅 9 个月时间，就有 15 家厂商与 ARM 公司签约。2011 年，ARM 公司推出了旗下首款 64 位架构 ARM v8。2016 年，ARM 公司推出了 Cortex-R8 实时处理器，可广泛应用于智能手机、平板计算机、物联网设备等。2018 年 ARM 公司推出一项名为 integrated SIM 的技术，将移动设备用户识别卡（Subscriber Identification Module，SIM）与射频模组整合到芯片，以便为物联网（IoT）应用提供更便捷的产品。

综上所述，不同嵌入式处理器，应用领域有所侧重，开发方法与知识要素也有所不同。基于此，下面介绍嵌入式系统的分类。

1.2.3 嵌入式系统的分类

嵌入式系统的分类标准有很多，有的按照处理器位数来分，有的按照复杂程度来分，还有的按其他标准来分，这些分类方法各有特点。从嵌入式系统的学习角度来看，因为应用于不同领域的嵌入式系统，其知识要素与学习方法有所不同，所以可以按应用范围简单地把嵌入式系统分为电子系统智能化类（微控制器类）和计算机应用延伸类（应用处理器类）这两大类。一般来说，微控制器与应用处理器的主要区别在于可靠性、数据处理量、工作频率等方面，相对应用处理器来说，微控制器的可靠性要求更高、数据处理量较小、工作频率较低。

1. 电子系统智能化类（微控制器类）

电子系统智能化类的嵌入式系统，主要用于工业控制、现代农业、家用电器、汽车电子、测控系统、数据采集等，这类应用所使用的嵌入式处理器一般被称为微控制器。这类嵌入式系统产品，从形态上看，更类似于早期的电子系统，但内部计算程序起核心控制作用。ARM 公司的面向各类嵌入式应用的微控制器内核 Cortex-M 系列及面向实时应用的高性能内核 Cortex-R 系列属于此类。相对于 Cortex-M 系列来说，Cortex-R 系列主要针对高实时性应用，如硬盘控制器、网络设备、汽车应用（安全气囊、制动系统、发动机管理）等。从学习与开发角度，电子系统智能化类的嵌入式应用，需要终端产品开发者面向应用对象设计硬件、软件，注重软件、硬件的协同开发。因此，开发者必须掌握底层硬件接口、底层驱动及软硬件密切结合的开发调试技能。电子系统智能化类的嵌入式系统（即微控制器），是嵌入式系统的软硬件基础，是学习嵌入式系统的入门环节，且为重要的一环。从操作系统角度看，电子系统智能化类的嵌入式系统，可以不使用操作系统，也可以根据复杂程度及芯片资源的容纳程度，使用操作系统。电子系统智能化类的嵌入式系统使用的操作系统通常是实时操作系统（Real Time

笔记

Operating System, RTOS），如 RT-Thread、mbedOS、MQXLite、FreeRTOS、μCOS-III、μCLinux、VxWorks 和 eCos 等。

2. 计算机应用延伸类（应用处理器类）

计算机应用延伸类的嵌入式系统，主要用于平板计算机、智能手机、电视机顶盒、企业网络设备等，这类应用所使用的嵌入式处理器一般被称为**应用处理器**（Application Processor），也称为多媒体应用处理器（Multimedia Application Processor，MAP）。这类嵌入式系统产品，从形态上看，更接近通用计算机系统。从开发方式上看，也类似于通用计算机的软件开发方式。从学习与开发角度看，计算机应用延伸类的嵌入式应用，终端产品开发者大多购买厂商制作好的硬件实体在嵌入式操作系统下进行软件开发，或者还需要掌握少量的对外接口方式。因此，从知识结构角度看，学习这类嵌入式系统，对硬件的要求相对较少。计算机应用延伸类的嵌入式系统，即应用处理器，也是嵌入式系统学习中重要的一环。但是，从学习规律角度看，若是要全面学习掌握嵌入式系统，应该先学习掌握微控制器，然后在此基础上，进一步学习掌握应用处理器编程，而不要倒过来学习。从操作系统角度看，计算机应用延伸类的嵌入式系统一般使用非实时嵌入式操作系统，通常称为嵌入式操作系统（Embedded Operation System，EOS），如 Android、Linux、iOS、Windows CE 等。当然，非实时嵌入式操作系统与实时操作系统也不是明确划分的，只是粗略分类，侧重有所不同而已。现在的 RTOS 的功能也在不断提升，一般的嵌入式操作系统也在提高实时性。

当然，工业生产车间经常看到利用工业控制计算机、个人计算机（PC）控制机床、生产过程等，这些可以说是嵌入式系统的一种形态。因为它们完成特定的功能，且整个系统不被称之为计算机，而是另有名称，如数控机床、加工中心等。但是，从知识要素角度看，这类嵌入式系统不具备普适意义，本书不讨论这类嵌入式系统。

1.2.4 嵌入式系统的特点

不同学者对嵌入式系统也许有不同的说法，这里从与通用计算机对比的角度来介绍嵌入式系统的特点。

与通用计算机系统相比，嵌入式系统的存储资源相对匮乏、速度较低，对实时性、可靠性、知识综合要求较高。嵌入式系统的开发方法、开发难度、开发手段等，均不同于通用计算机程序，也不同于常规的电子产品。嵌入式系统是在通用计算机发展基础上，面向测控系统逐步发展起来的。因此，从与通用计算机对比的角度来认识嵌入式系统的特点，对学习嵌入式系统具有实际意义。

1. 嵌入式系统属于计算机系统，但不单独以通用计算机的面目出现

嵌入式系统不仅具有通用计算机的主要特点，而且具有自身特点。嵌入式系

笔记

统也必须要有软件才能运行，但其隐含在种类众多的具体产品中。同时，通用计算机种类屈指可数，而嵌入式系统不仅芯片种类繁多，而且由于应用对象大小各异，嵌入式系统作为控制核心，已经融入各个行业的产品之中。

2. 嵌入式系统开发需要专用工具和特殊方法

嵌入式系统不像通用计算机那样，有了计算机系统就可以进行应用软件的开发。一般情况下，微控制器或应用处理器的芯片本身不具备开发功能，必须要有一套与相应芯片配套的开发工具和开发环境。这些开发工具和开发环境一般基于通用计算机上的软硬件设备，以及逻辑分析仪、示波器等。开发过程中往往有工具机（一般为 PC 或笔记本计算机）和目标机（实际产品所使用的芯片）之分，工具机用于程序的开发，目标机作为程序的执行机，开发时需要交替结合进行。编辑、编译、链接生成机器码在工具机完成，通过写入调试器将机器码下载到目标机中，进行运行与调试。

3. 使用 MCU 设计嵌入式系统，数据与程序空间采用不同存储介质

在通用计算机系统中，程序存储在硬盘上。实际运行时，通过操作系统将要运行的程序从硬盘调入内存（RAM），运行中的程序、常数、变量均在 RAM 中。一般情况下，在以 MCU 为核心的嵌入式系统中，其程序被固化到非易失性存储器（FLASH 存储器）中。变量及堆栈使用 RAM 存储器。

4. 开发嵌入式系统涉及软件、硬件及应用领域的知识

嵌入式系统与硬件紧密相关，嵌入式系统的开发需要硬件和软件的协同设计、协同测试。同时，由于嵌入式系统专用性很强，通常是用在特定应用领域，如嵌入在手机、冰箱、空调、各种机械设备、智能仪器仪表中，起核心控制作用，且功能专用。因此，进行嵌入式系统的开发，还需要对领域知识有一定的理解。当然，一个团队协作开发一个嵌入式产品，其中各个成员可以扮演不同角色，但也需要对系统的整体理解与把握并相互协作，有助于一个稳定可靠嵌入式产品的诞生。

任务 1.3 熟悉嵌入式系统的学习方法

任务 1.3 熟悉嵌入式系统的学习方法

1.3.1 嵌入式系统的学习困惑

关于嵌入式系统的学习方法，因学习经历、学习环境、学习目的、已有的知识基础等不同，可能在学习顺序、内容选择、实践方式等方面有所不同。但是，应该明确哪些是必备的基础知识，哪些应该先学，哪些应该后学；哪些必须通过

笔记

实践才能了解；哪些是与具体芯片无关的通用知识，哪些是与具体芯片或开发环境相关的知识。

嵌入式系统的初学者应该通过一个具体 MCU 作为蓝本，经过学习实践，获得嵌入式系统知识体系的通用知识，其基本原则是：入门时间较快、硬件成本较少、软硬件资料规范、知识要素较多、学习难度较低。

由于微处理器与微控制器种类繁多，人们对微控制器及应用处理器的发展，在认识与理解上存在差异，一些初学者有些困惑。下面简要分析初学者可能存在的 3 个困惑。

（1）嵌入式系统学习困惑之一——选择入门芯片：是微控制器还是应用处理器？

在了解嵌入式系统分为微控制器与应用处理器两大类之后，入门芯片选择的困惑表述为：选微控制器，还是应用处理器作为入门芯片呢？从性能角度看，与应用处理器相比，微控制器工作频率低、计算性能弱、稳定性高、可靠性强。从使用操作系统角度看，与应用处理器相比，开发微控制器程序一般使用 RTOS，也可以不使用操作系统；而开发应用处理器程序，一般使用非实时操作系统。从知识要素角度看，与应用处理器相比，开发微控制器程序一般更需要了解底层硬件；而开发应用处理器终端程序，一般是在厂商提供的驱动基础上基于操作系统开发，更像开发一般 PC 软件的方式。从上述分析可以看出，要想成为一名知识结构合理且比较全面的嵌入式系统工程师，应该选择一个较典型的微控制器作为入门芯片，且从不带操作系统（Non Operating System，NOS）学起，由浅入深，逐步推进。

关于学习芯片的选择还有一个困惑，是系统的工作频率。误认为选择工作频率高的芯片进行入门学习，表示更先进。实际上，工作频率高可能给初学者带来学习过程中的不少困难。

实际上，嵌入式系统设计不是追求芯片的计算速度、工作频率、操作系统等因素，而是追求稳定、可靠、维护、升级、功耗、价格等指标。

（2）嵌入式系统学习困惑之二——选择操作系统：NOS、RTOS 或 EOS。

操作系统选择的困惑表述为：开始学习时，是无操作系统（NOS）、实时操作系统（RTOS），还是一般嵌入式操作系统（EOS）？学习嵌入式系统的目的是为了开发嵌入式应用产品，许多人想学习嵌入式系统，不知道该从何学起，具体目标也不明确。一些初学者，往往选择一个嵌入式操作系统就开始学习了。用不十分恰当的比喻，这有点儿像“盲人摸大象”，只了解其中一个侧面。这样难以对嵌入式产品的开发过程有全面了解。针对许多初学者选择“xxx 嵌入式操作系统+xxx 处理器”的嵌入式系统的入门学习模式，本书认为是不合适的。本书的建议是：首先把嵌入式系统软件与硬件基础打好，再根据实际应用需要，选择一种实时操作系统（RTOS）进行实践。读者必须明确认识到，RTOS 是开发某

笔 记

些嵌入式产品的辅助工具和手段，而不是目的。况且，一些小型微型嵌入式产品并不需要 RTOS。因此，一开始就学习 RTOS，并不符合“由浅入深、循序渐进”的学习规律。

另外一个问题是：选 RTOS，还是 EOS？面向微控制器的应用，一般选择 RTOS，如 RT-Thread、mbedOS、MQXLite、FreeRTOS、μCOS-III 和 μCLinux 等。RTOS 种类繁多，实际使用何种 RTOS，一般需要工作单位确定。基础阶段主要学习 RTOS 的基本原理，并学习在 RTOS 之上的软件开发方法，而不是学习如何设计 RTOS。面向应用处理器的应用，一般选择 EOS，如 Android、Linux、WindowsCE 等，可根据实际需要进行有选择的学习。

对于嵌入式操作系统，一定不要一开始就学，这样会走很多弯路，也会使读者对嵌入式系统感到畏惧。等软件硬件基础打好了，再学习就感到容易理解。实际上，众多 MCU 嵌入式应用，并不一定需要操作系统或只需要一个小型 RTOS，也可以根据实际项目需要再学习特定的 RTOS。一定要重视实际嵌入式系统软件和硬件基础知识的学习。无论如何，以开发实际嵌入式产品为目标的学习者，不要把过多的精力花在设计或移植 RTOS、EOS 上面。正如很多人使用 Windows 操作系统，而设计 Windows 操作系统的只有 Microsoft 公司；许多人“研究”Linux 系统，但从来没有使用它开发过真正的嵌入式产品；人的精力是有限的，因此学习必须有所选择。有的学习者，学了很长时间的嵌入式操作系统移植，而不进行实际嵌入式系统产品的开发，最后，做不好一个稳定的嵌入式系统小产品，偏离了学习目标，甚至放弃了嵌入式系统领域。

（3）嵌入式系统学习困惑之三——硬件与软件：如何平衡？

以 MCU 为核心的嵌入式技术的知识体系必须通过具体的 MCU 来体现、实践与训练。但是，选择任何型号的 MCU，其芯片相关的知识只占知识体系的 20%左右，剩余 80%左右的是通用知识。但是，这 80%左右的通用知识，必须通过具体实践才能进行，因此学习嵌入式技术要选择一个系列的 MCU。但是，嵌入式系统均含有硬件与软件两大部分，它们之间的关系如何呢？

有些学者，仅从电子角度认识嵌入式系统，认为“嵌入式系统=MCU 硬件系统+小程序”。这些学者，大多具有良好的电子技术基础知识。实际情况是，早期 MCU 内部 RAM 小、程序存储器外接，需要外扩各种 I/O，没有像现在的 USB、嵌入式以太网等较复杂的接口，因此，程序占总设计量的 50%以下，使人们认为嵌入式系统（MCU）是“电子系统”，以硬件为主、程序为辅。但是，随着 MCU 制造技术的发展，不仅 MCU 内部 RAM 越来越大，Flash 进入 MCU 内部改变了传统的嵌入式系统开发与调试方式，固件程序可以被更方便地调试与在线升级，许多情况与开发 PC 程序的难易程度相差无几，只不过开发环境与运行环境不是同一载体而已。这些情况使得嵌入式系统的软硬件设计方法发生了根本

笔 记

变化。特别是因软件危机而发展起来的软件工程学科对嵌入式系统软件的发展也产生重要影响，产生了嵌入式系统软件工程。

有些学者，仅从软件开发角度认识嵌入式系统，甚至有的仅从嵌入式操作系统认识嵌入式系统。这些学者，大多具有良好的计算机软件开发基础知识，认为硬件是生产厂商的事，他们没有认识到，嵌入式系统产品的软件与硬件均是需要开发者设计的。本书作者常常接到一些关于嵌入式产品稳定性的咨询电话，发现大多数是由于软件开发者对底层硬件的基本原理不理解造成的。特别是，有些功能软件开发者，过分依赖底层硬件驱动软件的设计，自己对底层驱动原理知之甚少。实际上，一些功能软件开发者，名义上是在做嵌入式软件，但仅是使用嵌入式编辑、编译环境与下载工具而已，本质与开发通用 PC 软件没有两样。而底层硬件驱动软件的开发，若不全面考虑高层功能软件对底层硬件的可能调用，也会使得封装或参数设计得不合理或不完备，导致高层功能软件的调用相对困难。

从上述描述可以看出，若把一个嵌入式系统的开发孤立地分为硬件设计、底层硬件驱动软件设计、高层功能软件设计，一旦出现了问题，就可能难以定位。实际上，嵌入式系统设计是一个软件和硬件协同设计的工程，不能像通用计算机那样，软件和硬件完全分开来看，要在一个大的框架内协调工作。在一些公司，需求分析、硬件设计、底层驱动、软件设计、产品测试等过程可能是由同一个团队完成的，这就需要团队成员对软件、硬件及产品需求有充分认识，才能协作完成开发。甚至许多实际情况是在一些小型公司，这个“团队”可能就是一个人。

面对学习嵌入式系统以软件为主还是以硬件为主，或是如何选择切入点，如何在软件与硬件之间找到平衡。对于这个困惑的建议是：要想成为一名合格的嵌入式系统设计工程师，在初学阶段，必须重视打好嵌入式系统的硬件与软件基础。以下是从事嵌入式系统设计二十多年的美国学者 John Catsoulis 在 *Designing Embedded Hardware* 一书中关于这个问题的总结：嵌入式系统与硬件紧密相关，是软件与硬件的综合体，没有对硬件的理解就不可能写好嵌入式软件，同样没有对软件的理解也不可能设计好嵌入式硬件。

充分理解嵌入式系统软件与硬件相互依存关系，对嵌入式系统的学习有良好的促进作用。一方面，既不能只重视硬件，而忽视编程结构、编程规范、软件工程的要求、操作系统等知识的积累；另一方面，也不能仅从计算机软件角度，把通用计算机学习过程中的概念与方法生搬硬套到嵌入式系统的学习实践中，而忽视嵌入式系统与通用计算机的差异。在嵌入式系统学习与实践的初始阶段，应该充分了解嵌入式系统的特点，根据自身已有的知识结构，制定适合自身情况的学习计划。其目标应该是打好嵌入式系统的硬件与软件基础，通过实践，为成为良好的嵌入式系统设计工程师建立起基本知识结构。学习过程可以具体应用系统为实践载体，但不能拘泥于具体系统，应该有一定的抽象与归纳。例如，有的初学

笔 记

者开发一个实际控制系统，没有使用实时操作系统，但不要认为实时操作系统不需要学习，要注意知识学习的先后顺序与时间点的把握。又例如，有的初学者以一个带有实时操作系统的样例为蓝本进行学习，但不要认为，任何嵌入式系统都需要使用实时操作系统，甚至把一个十分简明的实际系统加上一个不必要的实时操作系统。因此，片面认识嵌入式系统，可能导致学习困惑。应该根据实际项目需要，锻炼自己分析实际问题、解决问题的能力。这是一个较长期的、需要静下心来的学习与实践过程，不能期望通过短期培训完成整体知识体系的建立，应该重视自身实践，全面地理解与掌握嵌入式系统的知识体系。

1.3.2 嵌入式系统的知识体系

从由浅入深、由简到繁的学习规律来说，嵌入式学习的入门应该选择微控制器，而不是应用处理器，应通过对微控制器基本原理与应用的学习，逐步掌握嵌入式系统的软件与硬件基础，然后在此基础上进行嵌入式系统其他方面知识的学习。

本书主要阐述以 MCU 为核心的嵌入式技术基础与实践。要完成一个以 MCU 为核心的嵌入式系统应用产品设计，需要有硬件、软件及行业领域的相关知识。硬件主要有 MCU 的硬件最小系统、输入/输出外部电路、人机接口设计。软件设计有固化软件的设计，也可能含 PC 软件的设计。行业知识需要通过协作、交流与总结获得。

概括地说，学习以 MCU 为核心的嵌入式系统，需要以下软件和硬件基础知识与实践训练，即以 MCU 为核心的嵌入式系统的基本知识体系如下。

1）掌握硬件最小系统与软件最小系统框架[①]。硬件最小系统是包括电源、晶振、复位、写入调试器接口等可使内部程序得以运行的、规范的、可复用的核心构件系统。软件最小系统框架是一个能够点亮一个发光二极管的、甚至带有串口调试构件的、包含工程规范完整要素的可移植与可复用的工程模板。

2）掌握常用基本输出的概念、知识要素、构件使用方法及构件设计方法。如通用 I/O（GPIO）、模/数转换 ADC、数/模转换 DAC、定时器模块等。

3）掌握若干嵌入式通信的概念、知识要素、构件使用方法及构件设计方法。如串行通信接口 UART、串行外设接口 SPI、集成电路互联（I^2C）总线，CAN、USB、嵌入式以太网、无线射频通信等。

4）掌握常用应用模块的构件设计方法、使用方法及数据处理方法。如显示模块（LED、LCD、触摸屏等）、控制模块（控制各种设备，包括 PWM 等控制技术）等。数据处理如图形、图像、语音、视频等处理或识别等。

① 将在本书项目 2 中阐述。

5）掌握一门实时操作系统的基本用法与基本原理。作为软件辅助开发工具的实时操作系统，也可以作为一个知识要素。可以选择一种实时操作系统（如：RT-Thread、mbedOS、MQXLite、μC/OS 等）进行学习实践，在没有明确目的的情况下，没有必要选择几种同时学习。学好其中一种，在确有必要使用另一种实时操作系统时，再学习，也可触类旁通。

6）掌握嵌入式软、硬件的基本调试方法。如断点调试、打桩调试、printf 调试方法等。在嵌入式调试过程中，特别要注意确保在正确硬件环境下调试未知软件，在正确软件环境下调试未知硬件。

这里给出的是基础知识要素，关键还是看如何学习，是开发人员直接使用他人做好的驱动程序，还是开发人员自己完全掌握知识要素，从底层开始设计驱动程序，同时熟练掌握驱动程序的使用，体现在不同层面的人才培养中。而应用中的硬件设计、软件设计、测试等都必须遵循嵌入式软件工程的方法、原理与基本原则。因此，嵌入式软件工程也是嵌入式系统知识体系的有机组成部分，只不过，它融于具体项目的开发过程之中。

若是主要学习应用处理器类的嵌入式应用，也应该在了解 MCU 知识体系的基础上，选择一种嵌入式操作系统（如 Android、Linux 等）进行学习实践。目前，APP 开发也是嵌入式应用的一个重要组成部分，可选择一种 APP 开发进行实践（如 Android APP、iOS APP 等）。

与此同时，在 PC 上，利用面向对象编程语言进行测试程序、网络侦听程序、Web 应用程序的开发及对数据库的基本了解与应用，也应逐步纳入嵌入式应用的知识体系中。此外，理工科的公共基础本身就是学习嵌入式系统的基础。

笔 记

1.3.3 基础阶段的学习建议

十多年来，嵌入式开发工程师们逐步探索与应用构件封装的原则，把硬件相关的部分封装底层构件，统一接口，努力使高层程序与芯片无关，可以在各种芯片应用系统移植与复用，试图降低学习难度。学习的关键就变成了解底层构件设计方法，掌握底层构件的使用方式，在此基础上，进行嵌入式系统设计与应用开发。当然，掌握底层构件的设计方法，学会实际设计一个芯片的某一模块的底层构件，也是本科学生应该掌握的基本知识。对于专科类学生，可以直接使用底层构件进行应用编程，但也需要了解知识要素的抽取方法与底层构件基本设计过程。对于看似庞大的嵌入式系统知识体系，可以使用“电子札记”的方式进行知识积累与补缺补漏，任何具有一定理工科基础的学生，通过一段稍长时间的静心学习与实践，都能学好嵌入式系统。

下面针对嵌入式系统的学习困惑，从嵌入式系统的知识体系角度，对广大渴

笔记

望学习嵌入式系统的读者提出 4 点基础阶段的学习建议。

（1）遵循“先易后难，由浅入深”的原则，打好软硬件基础

跟随本书，充分利用本书提供的软硬件资源及辅助视频材料，逐步实验与实践[①]；充分理解硬件基本原理、掌握功能模块的知识要素、掌握底层驱动构件的使用方法、了解 1～2 个底层驱动构件的设计过程与方法；熟练掌握在底层驱动构件基础上，利用 C 语言编程实践（读者可通过“附录　嵌入式系统常用的 C 语言基本语法”，快速复习相关的 C 语言知识点）。理解学习嵌入式系统，必须勤于实践。关于汇编语言问题，随着 MCU 对 C 语言编译的优化支持，可以只了解几个必需的汇编语句，但最好通过一个简单程序理解芯片初始化过程、中断机制、程序存储情况等区别于 PC 程序的内容。另外，为了测试的需要，最好掌握一门 PC 方面面向对象的编程高级语言（如 C#），本书电子教学资源中给出了 C#快速入门的方法与实例。

（2）充分理解知识要素、掌握底层驱动构件的使用方法

本书对诸如 GPIO、UART、定时器、PWM、ADC、DAC 等模块，首先阐述其通用知识要素，随后给出其底层驱动构件的基本内容。期望读者在充分理解通用知识要素的基础上，学会底层驱动构件的使用方法。即使只有这一点，也要下一番功夫。俗话说：“书读百遍，其义自见”，有关知识要素涉及硬件基本原理，以及对底层驱动接口函数功能及参数的理解，需反复阅读、反复实践，查找资料，分析、概括及积累。对于硬件，只要在深入理解 MCU 的硬件最小系统基础上，对上述各硬件模块逐个实验理解，逐步实践，再通过自己动手完成一个实际小系统，就可以基本掌握底层硬件基础。同时，这个过程也是软硬件结合学习的基本过程。

（3）掌握单步跟踪调试、打桩调试、printf 输出调试等调试手段

在初学阶段，充分利用单步跟踪调试了解与硬件打交道的寄存器值的变化，理解 MCU 软件干预硬件的方式。单步跟踪调试也用于底层驱动构件设计阶段。不进入子函数内部执行的单步跟踪调试，可用于整体功能跟踪。打桩调试主要用于编程过程中，功能确认。一般编写几句程序语句后，即可打桩，调试观察。通过串口 printf 输出信息在 PC 显示器上显示，是嵌入式软件开发中重要的调试跟踪手段，与 PC 编程中 printf 函数功能类似，只是嵌入式开发 printf 输出是通过串口输出到 PC 显示器上，PC 上需用串口调试工具显示，PC 编程中 printf 直接将结果显示在 PC 显示器上。

（4）日积月累，勤学好问，充分利用本书及相关资源

有副对联：“智叟何智只顾眼前捞一把，愚公不愚哪管艰苦移二山”。学习

---

① 这里说的实验主要指通过重复或验证他人的工作，其目的是学习基础知识，这个过程一定要经历。实践是自己设计，有具体的“产品”目标。如果你能自己做一个具有一定功能的小产品，且能稳定运行 1 年以上，就可以说接近入门了。

嵌入式切忌急功近利，需要日积月累、循序渐进，充分掌握与应用“电子札记”方法。同时，要勤学好问，下真功夫、细功夫。人工智能学科里有个术语叫无教师指导学习模式与有教师指导学习模式，无教师指导学习模式比有教师指导学习模式复杂许多。因此，要多请教良师，少走弯路。此外，本书提供了大量经过打磨的、比较规范的软硬件资源，充分用好这些资源，可以更上一层楼。

以上建议，仅供参考。当然，以上只是基础阶段的学习建议，要成为良好的嵌入式系统设计工程师，还需要注重理论学习与实践、通用知识与芯片相关知识、硬件知识与软件知识的平衡。要在理解软件工程基本原理的基础上，理解硬件构件与软件构件等基本概念。在实际项目中锻炼，并不断学习与积累经验。

任务 1.4　掌握以 MCU 为核心的嵌入式系统组成

任务 1.4　掌握以 MCU 为核心的嵌入式系统组成

1.4.1　MCU 简介

1. MCU 的基本含义

笔 记

MCU 是单片微型计算机（单片机）的简称，早期的英文名是 Single-chip Microcomputer，后来大多数称之为微控制器（Micro-Controller）或嵌入式计算机（Embedded Computer）。现在 Micro-Controller 已经是计算机中一个常用术语，但在 1990 年之前，大部分英文词典并没有这个词。我国学者一般使用中文“单片机”一词，而缩写使用“MCU”，来自于英文“Microcontroller Unit”。因此本书后面的简写一律以 MCU 为准。MCU 的基本含义是：在一块芯片内集成了中央处理单元（Central Processing Unit，CPU）、存储器（RAM/ROM 等）、定时器/计数器及多种输入/输出（I/O）接口的比较完整的数字处理系统。图 1-5 给出了典型的 MCU 组成框图。

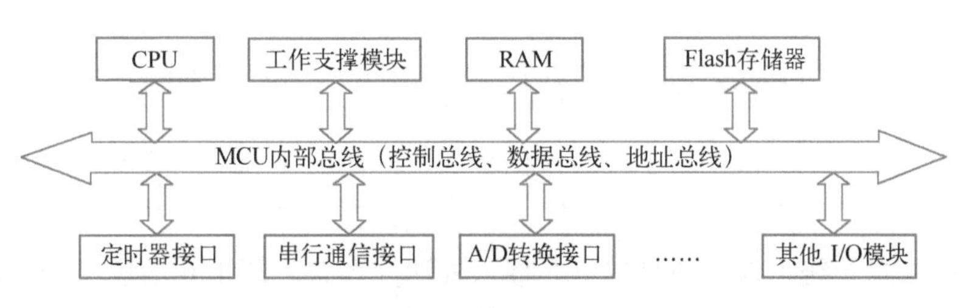

图 1-5　一个典型的 MCU 组成框图

MCU 是在计算机制造技术发展到一定阶段出现的，它使计算机技术从科学计算领域进入智能化控制领域。从此，计算机技术在两个重要领域——通用计算

笔 记

机领域和嵌入式（Embedded）计算机领域都获得了极其重要的发展，为计算机的应用开辟了更广阔的空间。

就 MCU 的组成而言，虽然它只是一块芯片，但包含了计算机的基本组成单元，仍由运算器、控制器、存储器、输入设备、输出设备五部分组成，只不过这些都集成在一块芯片内，这种结构使得 MCU 成为具有独特功能的计算机。

2. 嵌入式系统与 MCU 的关系

何立民先生说："有些人搞了十多年的 MCU 应用，不知道 MCU 就是一个最典型的嵌入式系统"[①]。实际上，MCU 是在通用 CPU 基础上发展起来的，MCU 具有体积小、价格低、稳定可靠等优点，它的出现和迅猛发展，是控制系统领域的一场技术革命。MCU 以其较高的性价比、灵活性等特点，在现代控制系统中具有十分重要的地位。大部分嵌入式系统以 MCU 为核心进行设计。MCU 从体系结构到指令系统都是按照嵌入式系统的应用特点专门设计的，它能很好地满足应用系统的嵌入、面向测控对象、现场可靠运行等方面的要求。因此，以 MCU 为核心的系统是应用最广的嵌入式系统。在实际应用时，开发者可以根据具体要求与应用场合，选用最佳型号的 MCU 嵌入实际应用系统中。

3. MCU 出现之后测控系统设计方法发生的变化

测控系统是现代工业控制的基础，它包含信号检测、处理、传输与控制等基本要素。在 MCU 出现之前，人们必须用模拟电路、数字电路实现测控系统中的大部分计算与控制功能，这样使得控制系统体积庞大，易出故障。MCU 出现以后，测控系统设计方法逐步产生变化，系统中的大部分计算与控制功能由 MCU 的软件实现。其他电子电路成为 MCU 的外部接口电路，承担输入、输出与执行动作等功能，而计算、比较与判断等原来必须用电路实现的功能，可以用软件取代，大大提高了系统的性能与稳定性，这种控制技术称之为嵌入式控制技术。在嵌入式控制技术中，核心是 MCU，其他部分依次展开。下面给出一个典型的以 MCU 为核心的嵌入式测控产品的基本组成。

1.4.2 以 MCU 为核心的嵌入式测控产品的基本组成

一个以 MCU 为核心，比较复杂的嵌入式产品或实际嵌入式应用系统，包含模拟量的输入、模拟量的输出，开关量的输入、开关量的输出及数据通信部分。而所有嵌入式系统中最为典型的则是嵌入式测控系统。图 1-6 给出了一个典型的嵌入式测控系统框图。

① 何立民. 嵌入式系统的定义与发展历史[J]. 单片机与嵌入式系统应用, 2004, 000(001):6-8.

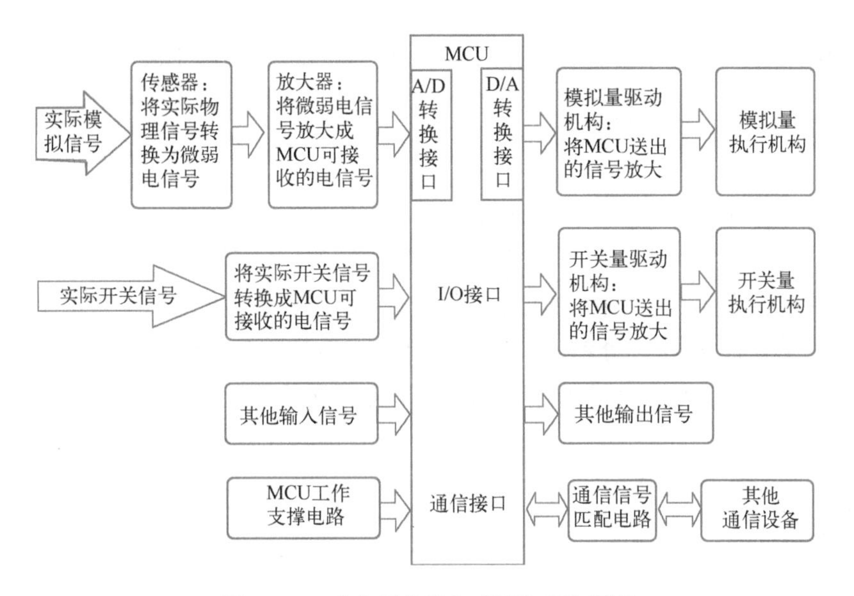

图 1-6　一个典型的嵌入式测控系统框图

1. MCU 工作支撑电路

MCU 工作支撑电路也就是 MCU 硬件最小系统，它保障 MCU 能正常运行，如电源电路、晶振电路及必要的滤波电路等，甚至可包含程序写入器接口电路。

2. 模拟信号输入电路

实际模拟信号一般来自相应的传感器。例如，要测量室内的温度，就需要温度传感器。但是，一般传感器将实际的模拟信号转成的电信号都比较微弱，MCU 无法直接获得该信号，需要将其放大，然后经过模/数转换 ADC 变为数字信号，进行处理。目前许多 MCU 内部包含 ADC 模块，实际应用时也可根据需要外接 ADC 芯片。常见的模拟量有：温度、湿度、压力、重量、气体浓度、液体浓度、流量等。对 MCU 来说，模拟信号通过 ADC 变成相应的数字序列进行处理。

3. 开关量信号输入电路

实际开关信号一般也来自相应的开关类传感器。例如，光电开关、电磁开关、干簧管（磁开关）、声控开关、红外开关等，一些电子玩具中就有一些类似的开关。手动开关也可作为开关信号送到 MCU 中。对 MCU 来说，开关信号就是只有“0”和“1”两种可能值的数字信号。

4. 其他输入信号或通信电路

其他输入信号通过某些通信方式与 MCU 沟通。常用的通信方式有：异步串

笔 记

行（UART）通信、串行外设接口（SPI）通信、并行通信、USB 通信、网络通信等。

5．输出执行机构电路

在执行机构中，有开关量执行机构，也有模拟量执行机构。开关量执行机构只有“开”“关”两种状态。模拟量执行机构需要连续变化的模拟量控制。MCU 一般是不能直接控制这些执行机构，需要通过相应的隔离和驱动电路实现。还有一些执行机构，既不是通常的开关量控制，也不是通常数模转换量控制，而是“脉冲”量控制，如控制调频电动机，MCU 则通过软件对其控制。

【拓展任务】

1．简要总结嵌入式系统的定义、由来、分类及特点。

2．归纳嵌入式系统的学习困惑，简要说明如何消除这些困惑。

3．简要归纳嵌入式系统的知识体系。

4．结合书中给出的嵌入式系统基础阶段的学习建议，从个人角度，你认为应该如何学习嵌入式系统。

5．简要给出 MCU 的定义及典型组成框图。

6．举例给出一个具体的、以 MCU 为核心的嵌入式测控产品的基本组成。

7．简要比较中央处理器（CPU）与微控制器（MCU）。

8．运行硬件系统。

项目2 闪灯的设计与实现

项目导读：

现代生活中，灯光除了用于照明，还被广泛用于氛围营造（如城市景观灯、舞台变幻灯、广告霓虹灯等）或状态指示（如交通信号灯、汽车指示灯、设备状态指示灯等）。在嵌入式系统中，LED小灯是必备的状态指示设备。本项目的学习目标就是利用微控制器点亮一个单色LED小灯，在此基础上再实现多色灯的效果。在本项目中，首先，需要熟悉本书所采用的基于ARM Cortex-M4内核的嵌入式芯片STM32L431资源和硬件最小系统，并由此构建一种通用嵌入式计算机（AHL-STM32L431），作为本书硬件实践平台；其次，需要熟悉通用输入/输出（GPIO）底层驱动构件文件的组成及使用方法；最后，以LED小灯为例学习嵌入式硬件构件和嵌入式软件构件的设计及使用方法，掌握嵌入式软件最小系统的搭建方法和实现LED小灯闪烁的应用层程序设计方法，并在此基础上，自行完成多色灯的应用层程序设计任务。

任务2.1 STM32L431硬件最小系统设计

任务2.1 STM32L431硬件最小系统设计

2.1.1 STM32系列MCU简介

STM32L4系列MCU是意法半导体（ST）公司于2016年开始陆续推出的基于Cortex-M4内核带FPU处理器的超低功耗微控制器，工作频率达80MHz，与所有ARM工具和软件兼容，内部硬件模块主要包括GPIO、UART、Flash、RAM、SysTick、Timer、PWM、RTC、Incapture、12位A/D、SPI、I^{2}C与TSC。该系列包含不同的产品线：STM32L4x1（基本型系列），STM32L4x2～6为不同USB体系及LCD等模块的扩展型MCU，满足不同应用的选型需要。

认识一个MCU，从了解型号含义开始，一般来说，主要包括芯片家族、产品类型、具体特性、引脚数目、Flash大小、封装类型以及温度范围等。

STM32系列芯片的命名格式为："STM32 X AAA Y B T C"，各字段说明如表2-1所示，本书所使用的芯片型号为STM32L431RCT6。对照命名格式，可以从型号获得以下信息：属于32位的MCU，超低功耗型，高性能微控制器，引脚

笔 记

数为 64，Flash 大小为 256KB，封装形式采用 64 引脚 LQFP 封装；工作范围为-40～+85℃。

表 2-1 STM32 系列芯片各字段说明

字 段	说 明	取 值
STM32	芯片家族	STM32 表示 32 位 MCU
X	产品类型	F 表示基础型；L 表示超低功耗型；W 表示无线系统芯片
AAA	具体特性	取决于产品系列。0xx：入门级 MCU；1xx：主流 MCU；2xx：高性能 MCU；4xx：高性能微控制器，具有 DSP 和 FPU 指令；7xx：配备 ARM Cortex-M7 内核的超高性能 MCU
Y	引脚数目	T 表示 36；C 表示 48；R 表示 64；V 表示 100；Z 表示 144；B 表示 208；N 表示 216
B	Flash 大小	8 表示 64KB；C 表示 256KB；E 表示 512KB；I 表示 2048KB
T	封装类型	T 表示 LQFP 封装；H 表示 BGA 封装；I 表示 UFBGA 封装
C	温度范围	6/A 表示-40～+85℃；7/B 表示-40～+105℃；3/C 表示-40～+125℃；D 表示-40～+150℃

2.1.2 ARM Cortex-M4 微处理器简介

1. ARM Cortex-M4 微处理器内部结构

2010 年，ARM 公司发布 M4 微处理器，其基于 ARM v7-M 架构，浮点单元（Float Point Unit，FPU）作为内核的可选模块，如果 M4 内核包含 FPU，则一般称它为 M4F。M4 内核采用 32 位 RISC 处理器，该处理器支持一组 DSP 指令，允许有效的信号处理和复杂的算法执行。M4 微处理器性能可达到 3 CoreMark/MHz～1.25DMIPS/MHz（基于 Dhrystone2.1 平台）①。该微处理器广泛地应用于微控制器、汽车、数据通信、工业控制、消费电子、片上系统、混合信号设计等方面。

（1）ARM Cortex-M4 微处理器的特点

ARM Cortex-M4 微处理器在位数、总线结构、中断控制、存储器保护、低功耗等方面有自身的特点。

1）位数。32 位处理器，内部寄存器、数据总线都为 32 位，采用 Thumb-2 技术，同时支持 16 位与 32 位指令。

2）总线结构。采用哈佛架构②，使用统一存储空间编址，32 位寻址，最多支持 4GB 存储空间；三级流水线设计；采用片上接口基于高级微控制器总线架构（Advanced Microcontroller Bus Architecture，AMBA）技术，能进行高吞吐量的流水线总线操作。

① 这是一种微处理器性能效率的度量方式。

② Cortex-M3/M4 采用哈佛结构，而 Cortex-M0+采用的是冯・诺依曼结构。它们的区别在于：它们是不是具有独立的程序指令存储空间和数据存储地址空间。如果有则是哈佛结构；如果没有则是冯・诺依曼结构。而具有独立的地址空间也就意味着在地址总线和控制总线上至少要有一种总线必须是独立的，这样才能保证地址空间的独立性。

笔 记

3）中断控制。采用集成嵌套向量中断控制器（Nested Vectored Interrupt Controller，NVIC），根据不同的芯片设计，支持 8～256 个中断优先级，最多 240 个中断请求。

4）存储器保护。可选的存储器保护单元（MPU）具有存储器保护特性，如访问权限控制、提供时钟嘀嗒、主栈指针、线程栈指针等操作系统特性。

5）低功耗。具有多种低功耗特性和休眠模式。

（2）M4 微处理器的结构

M4 微处理器结构图如图 2-1 所示，下面简要介绍各部分。

1）M4 内核。M4 支持 Thumb 指令集，同时采用 Thumb2 技术[①]，且拥有符合 IEEE 754 标准的单精度浮点单元。其硬件方面支持除法指令，并且有中断处理程序和线程两种模式，且有指令和调试两种状态。在处理中断方面，M4 可自动保存处理器状态和回复低延迟中断。M4 微处理器的性能在定点运算速度方面是 M3 内核的两倍，浮点运算速度比 M3 内核快 10 倍以上，同时功耗只有它的一半。

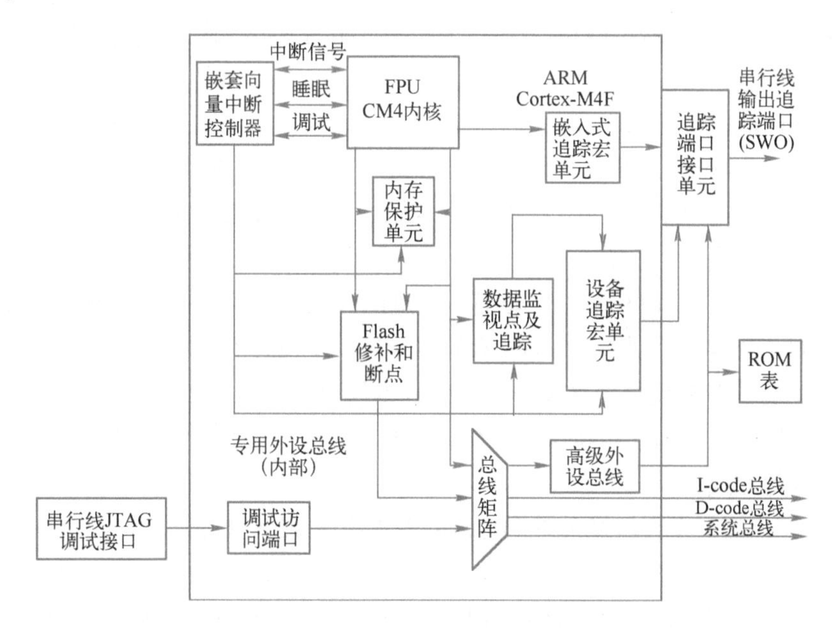

图 2-1 M4 微处理器结构图

2）嵌套向量中断控制器。嵌套向量中断控制器（NVIC）是一个在 Cortex-M 中内嵌的中断控制器。在 STM32 系列芯片中，配置的中断源数目为 64 个，优先等级可配置范围为 0～7，其中，0 等级对应最高中断优先级。更细化的是，对优先级进行分组，这样中断在选择时可以选择抢占和非抢占级别。对于 M4 微

① Thumb 是 ARM 架构中的一种 16 位指令集，而 Thumb2 则是 16 位/32 位混合指令集。

笔 记

处理器而言，通过在 NVIC 中实现中断尾链和迟到功能，这意味着两个相邻的中断不用再处理状态保存和恢复了。微处理器自动保存中断入口，并自动恢复，没有指令开销。在超低功耗睡眠模式下可唤醒中断控制器。NVIC 还采用了向量中断的机制，在中断发生时，它会自动取出对应服务例程的入口地址，并且直接调用，无须软件判定中断源，可缩短中断延时。为优化低功耗设计，NVIC 还集成一个可选唤醒中断控制器（Wake-up Interrupt Controller，WIC），在睡眠模式或深度睡眠模式下，芯片可快速进入超低功耗状态，且只能被 WIC 唤醒源唤醒。在 Cortex-M 的内核中，还包含一个 24 位倒计时定时器 SysTick，即使系统在睡眠模式下也能工作，作为嵌套向量中断控制器的一部分实现，若用作实时操作系统的时钟，将给实时操作系统在同类内核芯片间移植带来便利。

3）存储器保护单元。存储器保护单元（Memory Protection Unit，MPU）是指可以对一个选定的内存单元进行保护。MPU 将存储器划分为 8 个子区域，这些子区域的优先级均是可自定义的。微处理器可以使指定的区域禁用和使能。

4）调试访问端口。调试访问端口可以对存储器和寄存器进行调试访问。具有 SWD 或 JTAG 调试访问端口，或两种都包括。Flash 修补和断点（Flash Patch and Breakpoint，FPB）用于实现硬件断点和代码修补。数据监视点及追踪（Data Watchpoint and Trace，DWT）用于实现观察点、触发资源和系统分析。嵌入式追踪宏单元（Instrumentation Trace Macrocell，ITM）用于提供对 printf 调试的支持。追踪端口接口单元（Trace Port Interface Unit，TPIU）用来连接追踪端口分析仪，包括单线输出模式。

5）总线接口。M4 微处理器提供先进的高性能总线（AHB-Lite）接口。其中包括的 4 个接口分别为：I-code 存储器接口、D-code 存储器接口和系统接口，还有基于高性能外设总线（ASB）的外部专用外设总线（PPB）。位段的操作可以细化到原子位段的读写操作。对存储器的访问是对齐的，并且在写数据时采用写缓冲区的方式。

6）浮点运算单元。微处理器可以处理单精度 32 位指令数据，结合乘法和累积指令用来提高计算的精度。此外，硬件能够进行加减法、乘除法以及二次方根等运算操作，同时也支持所有的 IEEE 数据四舍五入模式。该微处理器拥有 32 个专用 32 位单精度寄存器，也可作为 16 个双字寄存器寻址，并且通过采用解耦三级流水线来加快处理器运行速度。

2. ARM Cortex-M 微处理器的内部寄存器

学习 CPU 时，理解其内部寄存器的用途是重要一环。Cortex-M 系列微处理器的内部寄存器如图 2-2 所示，包含数据处理与控制寄存器、特殊功能寄存器等。数据处理与控制寄存器在 Cortex-M 系列处理器中的定义与使用基本相同，

笔记

它包括 R0～R15，其中，R13 作为堆栈指针 SP。SP 实质上有两个（分别是 MSP 与 PSP），但在同一时刻只能有一个可以被看到，这也就是所谓的 banked 寄存器。特殊功能寄存器有预定义的功能，而且必须通过专用指令来访问，在 M 系列处理器中 M0 与 M0+的特殊功能寄存器数量与功能相同，M3 与 M4 相比 M0 与 M0+多了 3 个用于异常或中断屏蔽的寄存器，并在某些寄存器上的预定义不尽相同。在 M 系列处理器中，浮点寄存器只存在于 M4 中。

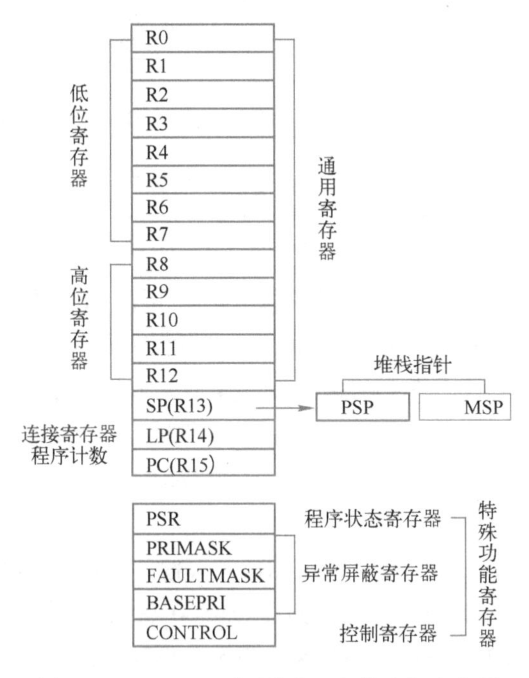

图 2-2 Cortex-M 系列微处理器的内部寄存器

2.1.3 STM32L431 存储映像、引脚功能与硬件最小系统设计

1. STM32L4 存储映像

ARM Cortex-M 处理器直接寻址空间为 4GB，地址范围是：0x0000_0000～0xFFFF_FFFF。所谓存储器映像是指，把这 4GB 空间当作存储器来看待，分成若干区间，都可安排一些实际的物理资源。哪些地址服务哪类资源是 MCU 生产厂家规定好的，用户只能用而不能更改。

STM32L4 把 M4 内核之外的模块，用类似存储器编址的方式，统一分配地址。在 4GB 的存储映射空间内，片内 Flash、静态存储器 SRAM、系统配置寄存器以及其他外设如通用型输入/输出（GPIO），被分配给独立的地址，以便内核进行访问，表 2-2 给出了本书常使用的 STM32L4 系列存储映像表。

笔 记

表 2-2 STM32L4 系列存储映像表

32 位地址范围	对应内容	说明
0x0000_0000～0x0003_FFFF	Flash，系统存储器或 SRAM	取决于 BOOT 配置
0x0004_0000～0x07FF_FFFF	保留	—
0x0800_0000～0x0803_FFFF	Flash 存储器	256KB
…	…	…
0x2000_0000～0x2000_BFFF	SRAM1①	48KB
0x2000_C000～0x2000_FFFF	SRAM2	16KB
0x2001_0000～0x3FFF_FFFF	保留	—
0x4000_0000～0x5FFF_FFFF	系统总线和外部总线	GPIO(0x4800_0000～0x4800_1FFF)
…	…	…
0xE000_0000～0xFFFF_FFFF	带 FPU 的 M4 内部外设	—

① SRAM 区分为两个部分是因为 SRAM1 可以被映射到位带区。

关于存储空间的使用，主要熟悉片内 Flash 区和片内 RAM 区存储映像。因为中断向量、程序代码、常数放在片内 Flash 中，在源程序编译后的链接阶段需要使用的链接文件中，需要含有目标芯片 Flash 的地址范围以及用途等信息，才能顺利生成机器码。在产生的链接文件中还需要包含 RAM 的地址范围及用途等信息，以便生成机器码来准确定位全局变量、静态变量的地址及堆栈指针。

（1）片内 Flash 区存储映像

STM32L4 片内 Flash 大小为 256KB，与其他芯片不同，Flash 区的起始地址并不是从 0x0000_0000 开始，而是从 0x0800_0000 开始，其地址范围是：0x0800_0000～0x0803_FFFF。Flash 区中扇区大小为 2KB，扇区总共有 128 个。

（2）片内 RAM 区存储映像

STM32L4 片内 RAM 为静态随机存储 SRAM，大小为 64KB，分成 SRAM1 和 SRAM2，地址范围分别为：0x2000_0000～0x2000_BFFF（48KB）和 0x2000_C000～0x2000_FFFF（16KB），片内 RAM 一般是用来存储全局变量、静态变量、临时变量（堆栈空间）等。大部分编程把它们连续在一起使用，即地址范围是：0x2000_0000～0x2000_FFFF，共 64KB。

该芯片的堆栈空间的使用方向是向小地址方向进行的，因此将堆栈的栈顶（Stack Top）设置成 RAM 地址的最大值。这样，全局变量及静态变量从 RAM 的低地址向高地址方向使用，堆栈从 RAM 的高地址向低地址方向使用，这样就可以减少重叠错误。

（3）其他存储映像

与其他芯片不同的是，STM32L4 芯片在 Flash 区前，驻留了 BootLoader 程序，地址范围为 0x0000_0000～0x07FF_FFFF。用户可以根据 BOOT0、BOOT1 引脚的配置，设置程序复位后的启动模式，在 STM32L4 芯片中，BOOT0 为引脚 PTH3，无 BOOT1，可用 Flash 选项寄存器（FLASH_OPTR）中的第 23 位与 BOOT0 引脚搭配使用，用于选择从 Flash 主存储器、SRAM1 或系统存储器的启动方式。其他存储映像，如外设区存储映像（GPIO 等），系统保留段存储映像等，只需了解即可，实际使用时，由芯片头文件给出宏定义。

笔 记

2．STM32L4 的引脚功能

本书以 64 引脚 LQFP 封装的 STM32L431RCT6 芯片为例阐述 ARM Cortex-M4 架构的 MCU 的编程和应用，图 2-3 给出的是 64 引脚 LQFP 封装的 STM32L431 的引脚图，芯片的引脚功能参阅电子教学资源“..\ Information”文件夹中的数据手册第 4 章。

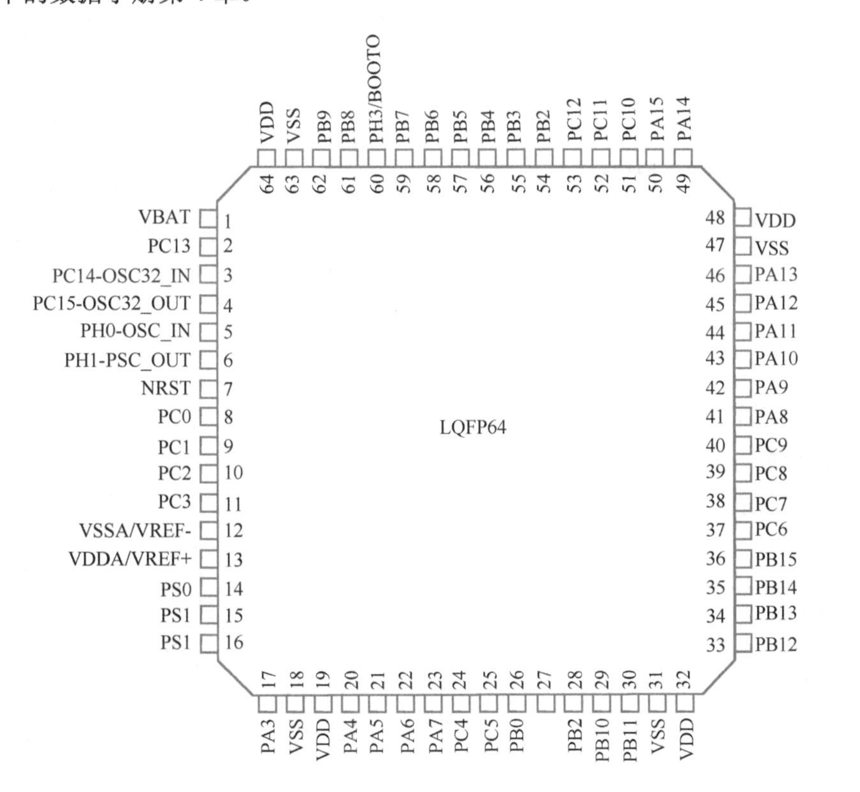

图 2-3　64 引脚 LQFP 封装 STM32L431

芯片引脚可以分为两大部分，一部分是需要用户为它服务的引脚，另一部分是它为用户服务的引脚。

（1）硬件最小系统引脚

硬件最小系统引脚是指需要为芯片提供服务的引脚，包括电源类引脚、复位引脚、晶体振荡器（简称晶振）引脚等，表 2-3 中给出了 STM32L431 的硬件最小系统引脚。STM32L431 芯片电源类引脚在 LQFP 封装中有 11 个，芯片使用多组电源引脚为内部电压调节器、I/O 引脚驱动、AD 转换电路等电路供电，内部

笔 记

电压调节器为内核和振荡器等供电。为了提供稳定的电源，MCU 内部包含多组电源电路，同时给出多处电源引脚，便于外接滤波电容。为了电源平衡，MCU 提供了内部有共同接地点的多处电源引脚，供电路设计使用。

表 2-3 STM32L431 硬件最小系统引脚

分类	引脚名	引脚号	功能描述
电源输入	VDD	19,32,48,64	电源，典型值：3.3V
	VSS	18,31,47,63	地，典型值：0V
	VSSA	12	AD 模块的电源接地，典型值：0V
	VDDA	13	AD 模块的输入电源，典型值：3.3V
	VBAT	1	内部 RTC 备用电源引脚
复位	NRST	7	双向引脚，有内部上拉电阻。作为输入，拉低可使芯片复位
晶振	PTC14、PTC15	3、4	低速无源晶振输入、输出引脚
	PTH0、PTH1	5、6	外部高速无源晶振输入、输出引脚
SWD 接口	SWD_IO/PTA13	46	SWD 数据信号线
	SWD_CLK/PTA14	49	SWD 时钟信号线
启动方式	BOOT0/PTH3	60	程序启动方式控制引脚，BOOT0=0，从内部 Flash 中程序启动（本书使用）
引脚个数统计			硬件最小系统引脚为 19 个

（2）对外提供服务引脚

除了需要为芯片服务的引脚（硬件最小系统引脚）之外，芯片的其他引脚是向外提供服务的，也可称之为 I/O 端口资源类引脚，见表 2-4 所示，这些引脚一般具有多种复用功能。

表 2-4 STM32L4 对外提供 I/O 端口资源类引脚

端口号	引脚数	引脚名	硬件最小系统复用引脚
A	16	PTA[0-15]	PTA13、PTA14
B	16	PTB[0-15]	
C	16	PTC[0-15]	PTC14、PTC15
D	1	PTD2	
H	1	PTH3	PTH3
合计	50		

说明：本书中所涉及的 GPIO 端口如 PTA 引脚与图 2-3 中的 PA 引脚同义，均可作为 Port A 的缩写。

STM32L4（64 引脚 LQFP 封装）具有 50 个 I/O 引脚（包含两个 SWD 的引脚，两个外部低速晶振引脚，程序启动方式控制引脚：BOOT0 引脚），这些引脚均具有多个功能，在复位后，会立即被配置为高阻状态，且为通用输入引脚，有内部上拉功能。

笔 记

【思考】

把 MCU 的引脚分为硬件最小系统引脚与对外提供服务引脚，这对嵌入式系统的硬件设计有何益处？

3. STM32L4 硬件最小系统设计

MCU 的硬件最小系统是指，包括电源、晶振、复位、写入调试器接口等，可使内部程序得以运行的、规范的、可复用的核心构件系统。使用一个芯片，必须完全理解其硬件最小系统。当 MCU 工作不正常时，在硬件层面，应该检查硬件最小系统中可能出错的元件。芯片要能工作，必须有电源与工作时钟；至于复位电路则提供不掉电情况下 MCU 重新启动的手段。随着 Flash 存储器制造技术的发展，大部分芯片提供了在板或在线系统（On System）的写入程序功能，即把空白芯片焊接到电路板上后，再通过写入器把程序下载到芯片中。这样，硬件最小系统应该把写入器的接口电路也包含在其中。基于这个思路，STM32L4 芯片的硬件最小系统包括电源电路、复位电路、与写入器相连的 SWD 接口电路及可选晶振电路。图 2-4 给出了 STM32L4 硬件最小系统原理图。读者需彻底理解该原理图的基本内涵。

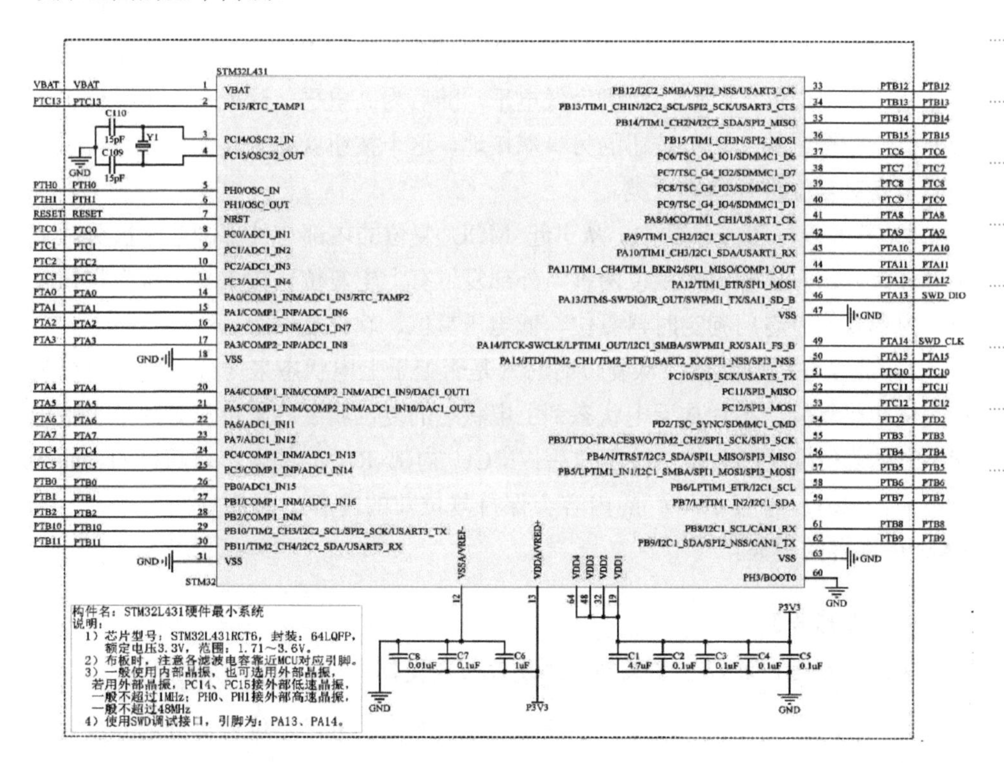

图 2-4　STM32L4 硬件最小系统原理图

笔记

（1）电源及其滤波电路

MCU 的电源类引脚较多，用来提供足够的电流容量，一些模块也有单独电源与地的引出脚。为了保持芯片电流平衡，电源分布于各边。为了保持进入 MCU 内部的电源稳定，所有电源引出脚必须外接适当的滤波电容，以抑制电源波动。至于需要外接电容，是由于集成电路制造技术无法在集成电路内部通过光刻的方法制造这些电容。电源滤波电路可改善系统的电磁兼容性、降低电源波动对系统的影响、增强电路工作的稳定性。

需要强调的是，虽然硬件最小系统原理图（图 2-4）中的许多滤波电容画在了一起，但实际布板时，需要各自接到靠近芯片的电源与地之间，才能起到滤波效果。

【思考】

实际布板时，电源与地之间的滤波电容为什么要靠近芯片引脚？简要说明电容容量大小与滤波频率的关系。

（2）复位引脚

复位，意味着 MCU 一切重新开始，其引脚为 RESET。若复位引脚有效（低电平），则会引起 MCU 复位。一般芯片的复位引脚内部含有上拉电阻，若外部悬空，则上电的一瞬间，引脚为低电平，随后为高电平，这就是上电复位了。若外接一个按钮的一端，按钮的另一端接地，这个按钮就称为复位按钮。可以从不同角度对复位进行基本分类。

1）外部复位和内部复位。从引起 MCU 复位的内部与外部因素来区分，复位可分为外部复位和内部复位两种。外部复位有上电复位、按下“复位”按钮复位。内部复位有看门狗定时器复位、低电压复位、软件复位等。

2）冷复位和热复位。从复位时芯片是否处于上电状态来区分，复位可分为冷复位和热复位。芯片从无电状态到上电状态的复位属于冷复位，芯片处于带电状态时的复位属于热复位。冷复位后，MCU 内部 RAM 的内容是随机的。而热复位后，MCU 内部 RAM 的内容会保持复位前的内容，即热复位并不会引起 RAM 中内容的丢失。

【思考】

实际编程时，有哪些方式判定热复位与冷复位？

3）异步复位与同步复位。从 CPU 响应快慢来区分，复位还可分为异步复位与同步复位。异步复位源的复位请求一般表示一种紧要的事件，因此复位控制逻辑会立即有效，不会等到当前总线周期结束后再复位。异步复位源有上电、低电

笔记

压复位等。同步复位的处理方法与异步复位不同：当一个同步复位源给出复位请求时，复位控制器并不使之立即起作用，而是等到当前总线周期结束之后才起作用，这是为了保护数据的完整性。在该总线周期结束后的下一个系统时钟的上升沿时，复位才有效。同步复位源有看门狗定时器、软件等。

（3）晶振电路

计算机的工作需要一个时间基准，这个时间基准由晶振电路提供。STM32L4 芯片可使用内部晶振和外部晶振两种方式为 MCU 提供工作时钟。

STM32L4 系列芯片含有内部时钟源，可以通过编程产生最高 48MHz 时钟频率，供系统总线及各个内部模块使用。CPU 使用的频率是其两倍，可达 96MHz。使用内部时钟源可略去外部晶振电路。

若时钟源需要更高的精度，可自行选用外部晶振，例如，图 2-4 给出外接 8MHz 无源晶振的晶振电路接法，晶振连接在芯片晶振输入引脚（3 引脚）与晶振输出引脚（4 引脚）之间，根据芯片手册要求，它们均通过 15pF 电容接地。实际上，两个电容有一定偏差，否则晶振不会起振，而电容制造过程总会有一个微小的偏差，满足起振条件。若使用内部时钟源，这个外接晶振电路就可以不焊接。

芯片启动时，需要运行芯片时钟初始化程序，随后才能正常工作。这个程序比较复杂，感兴趣的读者请参照电子教学资源的例程。后续所有的程序，均有芯片工作时钟初始化过程，大家可以先用起来，然后再熟悉其编程细节。

【思考】

通过查阅资料，了解一下晶振有哪些类型，简述其工作原理。

（4）SWD 接口引出脚

在芯片内部没有程序的情况下，需要用写入器将程序写入芯片，串行线调试接口 SWD 是一种写入方式的接口。STM32L4 芯片的 SWD 是基于 CoreSight 架构[①]的，该架构在限制输出引脚和其他可用资源情况下，提供了最大的灵活性。通过 SWD 接口可以实现程序下载和调试功能。SWD 接口只需两根线，数据输入/输出线（DIO）和时钟线（CLK），实际应用时还包含电源与地。在 STM32L4 芯片中，DIO 为引脚 PTA13，CLK 为引脚 PTA14。

在本书中，SWD 写入器用于写入 BIOS，随后在 BIOS 支持下，进行嵌入式系统的学习与应用开发，这就是通用嵌入式计算机的架构，因此本书所述硬件系统不包含 SWD 写入器，而是通过 Type-C 线与 PC 连接，实现用户程序的写入。

① CoreSight 是 ARM 定义的一个开放体系结构，以使 SOC 设计人员能够将其他 IP 内核的调试和跟踪功能添加到 CoreSight 基础结构中。

任务 2.2 由 MCU 构建通用嵌入式计算机

笔 记

任务 2.2 由 MCU 构建通用嵌入式计算机

一般来说，嵌入式计算机是一个微型计算机，目前嵌入式系统开发模式大多数是从“零”做起，也就是硬件从 MCU（或 MPU）芯片做起，软件从自启动开始，增加了嵌入式系统的学习与开发难度，软硬件开发存在颗粒度低、可移植性弱等问题。随着 MCU 性能的不断提高及软件工程概念的普及，给解决这些问题提供了契机。若能像通用计算机那样，把做计算机与用计算机的工作相对分开，可以提高软件可移植性，降低嵌入式系统开发门槛，对嵌入式人工智能、物联网、智能制造等嵌入式应用领域将会形成有力推动。

2.2.1 嵌入式终端开发方式存在的问题与解决办法

1. 嵌入式终端 UE 开发方式存在的问题

微控制器 MCU 是嵌入式终端 UE 的核心，承担着传感器采样、滤波处理、融合计算、通信、控制执行机构等功能。MCU 生产厂家往往配备一本厚厚的参考手册，许多厂家也给出软件开发包（Software Development Kit，SDK）。但是，MCU 的应用开发人员通常花费太多的精力在底层驱动上，终端 UE 的开发方式存在软硬件设计颗粒度低、可移植性弱等问题。

1）硬件设计颗粒度低。以窄带物联网（Narrow Band Internet of Things，NB-IoT）终端（Ultimate Equipment，UE）为例说明硬件设计颗粒度问题。在通常 NB-IoT 终端的硬件设计中，首先选一款 MCU，选一款通信模组和 eSIM 卡，根据终端的功能，开始 MCU 最小系统设计、通信适配电路设计、eSIM 卡接口设计及其他应用功能设计，这里有许多共性可以抽取。

2）寄存器级编程，软件编程颗粒度低，门槛较高。MCU 参考手册属于寄存器级编程指南，是终端工程师的基本参考资料。例如，要完成一个串行通信，需要涉及波特率寄存器、控制寄存器、状态寄存器、数据寄存器等。一般情况下，工程师针对所使用的芯片，封装其驱动。即使利用厂家给出的 SDK，也需要一番周折。无论如何，有一定技术门槛，花费不少时间。此外，工程师面向个性产品制作，不具备社会属性，常常弱化可移植性。又比如，对 NB-IoT 通信模组，厂家提供的是 AT 指令，要想打通整个通信流程，需要花费一番工夫。

3）可移植性弱，更换芯片困难，影响产品升级。一些终端厂家的某一产品使用一个 MCU 芯片多年，有的芯片甚至已经停产，且价格较贵，但由于早期开发可移植性较弱，更换芯片需要较多的研发投入，因此，即使新的芯片性价比高，也较难更换。对于 NB-IoT 通信模组，如何做到更换其芯片型号，而原来的软件不变，是值得深入分析思考的。

笔 记

2．解决终端开发方式颗粒度低与可移植性弱的基本方法

针对嵌入式终端 UE 开发方式存在颗粒度低、可移植性弱的问题，必须探讨如何提高硬件颗粒度、如何提高软件颗粒度、如何提高可移植性，做到这三个“提高”，就可大幅度降低嵌入式系统应用开发的难度。

1）提高硬件设计的颗粒度。若能将 MCU 及其硬件最小系统、通信模组及其适配电路、eSIM 卡及其接口电路，做成一个整体，则可提高 UE 的硬件开发颗粒度。硬件设计也应该从元件级过渡到硬件构件为主，辅以少量接口级、保护级元件，以提高硬件设计的颗粒度。

2）提高软件编程颗粒度。针对大多数以 MCU 为核心的终端系统，可以通过面向知识要素角度设计底层驱动构件，把编程颗粒度从寄存器级提高到以知识要素为核心的构件级。以 GPIO 为例阐述这个问题。共性知识要素是：引脚复用成 GPIO 功能、初始化引脚方向；若定义成输出，则设置引脚电平；若定义成输入，则获得引脚电平等。寄存器级编程涉及引脚复用寄存器、数据方向寄存器、数据输出寄存器、引脚状态寄存器等。寄存器级编程因芯片不同，其地址、寄存器名字、功能而不同。而面向共性知识要素编程，可把寄存器级编程不同之处封装在内部，把编程颗粒度提高到知识要素级。

3）提高软硬件可移植性。特定厂家提供 SDK，也应注意可移植性。但是由于厂家之间的竞争关系，其社会属性被弱化。因此，让芯片厂家工程师从共性知识要素角度封装底层硬件驱动，有些勉为其难。科学界必须从共性知识要素本身角度研究这个问题。把共性抽象出来，面向知识要素封装，把个性化的寄存器屏蔽在构件内部，这样才能使得应用层编程具有可移植性。在硬件方面，遵循硬件构件的设计原则，提高硬件可移植性。

2.2.2 提出 GEC 概念的时机、GEC 定义与特点

1．提出 GEC 概念的时机

要提高编程颗粒度、提高可移植性，可以借鉴通用计算机（General Computer）的概念与做法，在一定条件下，做通用嵌入式计算机（General Embedded Computer，GEC），把基本输入/输出系统（Basic Input and Output System，BIOS）与用户程序分离开来，实现彻底的工作分工。GEC 虽然不能涵盖所有嵌入式开发，但可涵盖其中大部分。

GEC 概念的实质是把面向寄存器编程提高到面向知识要素编程，提高了编程颗粒度。但是，这样做也会降低实时性。弥补实时性降低的方法是提高芯片的

笔 记

运行时钟频率。目前 MCU 的总线频率是早期 MCU 总线频率的几十倍，甚至几百倍，因此，更高的总线频率为提高编程颗粒度提供了物理支撑。

另外，软件构件技术的发展与认识的普及，也为提出 GEC 概念提供了机遇。嵌入式软件开发人员越来越认识到软件工程对嵌入式软件开发的重要支撑作用，也意识到掌握和应用软件工程的基本原理对嵌入式软件的设计、升级、芯片迭代与维护等方面，具有不可或缺的作用。因此，从“零”开始的编程，将逐步分化为构件制作与构件使用两个不同层次，也为嵌入式人工智能提供先导基础。

2. GEC 定义及基本特点

一个具有特定功能的通用嵌入式计算机（GEC），体现在硬件与软件两个方面。在硬件上，把 MCU 硬件最小系统及面向具体应用的共性电路封装成一个整体，为用户提供 SoC 级芯片的可重用的硬件实体，并按照硬件构件要求进行原理图绘制、文档撰写及硬件测试用例设计。在软件上，把嵌入式软件分为 BIOS 程序与 User 程序两部分。BIOS 程序先于 User 程序固化于 MCU 内的非易失存储器（如 Flash）中，启动时，BIOS 程序先运行，随后转向 User 程序。BIOS 提供工作时钟及面向知识要素的底层驱动构件，并为 User 程序提供函数原型级调用接口。

与 MCU 对比，GEC 具有硬件直接可测性、用户软件编程快捷性与可移植性三个基本特点。

1）GEC 硬件的直接可测性。与一般 MCU 不同，GEC 类似 PC，通电后可直接可运行内部 BIOS 程序， BIOS 驱动保留使用的小灯引脚，高低电平切换（在 GEC 上，可直接观察到小灯闪烁）。可利用 AHL-GEC-IDE 开发环境，使用串口连接 GEC，直接将 User 程序写入 GEC，User 程序中包含类似于 PC 程序调试的 printf 语句，通过串口向 PC 输出信息，实现了 GEC 硬件的直接可测性。

2）GEC 用户软件的编程快捷性。与一般 MCU 不同，GEC 内部驻留的 BIOS 与 PC 上电过程类似，需完成系统总线时钟初始化；需提供一个系统定时器，提供时间设置与获取函数接口；BIOS 内驻留了嵌入式常用驱动，如 GPIO、UART、ADC、Flash、I2C、SPI、PWM 等，并提供了函数原型级调用接口。利用 User 程序不同框架，用户软件不需要从“零”编起，而是在相应框架基础上，充分应用 BIOS 资源，实现快捷编程。

3）GEC 用户软件的可移植性。与一般 MCU 软件不同，GEC 的 BIOS 软件由 GEC 提供者研发完成，随 GEC 芯片而提供给用户，即软件被硬件化了，具有通用性。BIOS 驻留了大部分面向知识要素的驱动，提供了函数原型级调用接口。在此基础上编程，只要遵循软件工程的基本原则，GEC 用户软件则具有较高的可移植性。

2.2.3 由 STM32L431 构成的 GEC

笔 记

本书以 STM32L431 为核心构建一种通用嵌入式计算机，命名为 AHL-STM32L431，作为本书的主要实验平台，在此基础上可以构建各种类型的 GEC。

1. AHL-STM32L431 硬件系统基本组成

图 2-5 给出了 AHL-STM32L431 硬件图，内含 STM32L431 芯片及其硬件最小系统、三色灯、复位按钮、温度传感器、触摸区、两路 TTL-USB 串口，基本组成见表 2-5 所示。

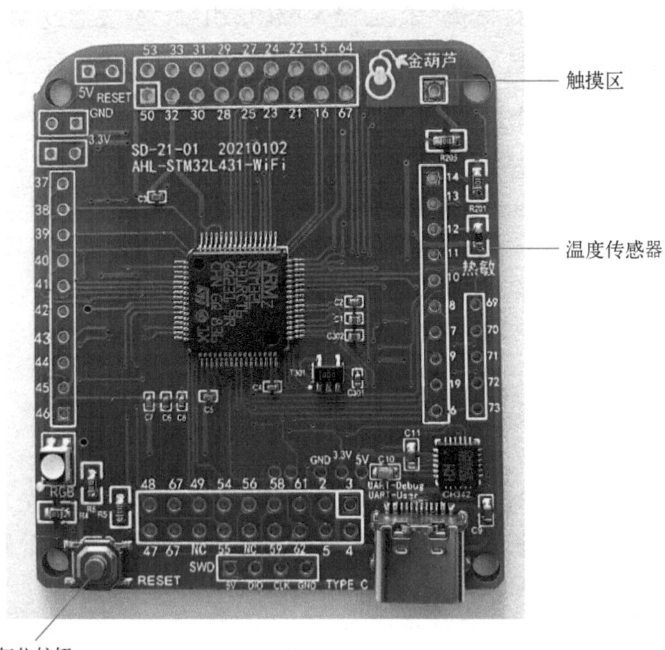

图 2-5 AHL-STM32L431 硬件图

下面对 AHL-STM32L431 中的 LED 三色灯、温度传感器、TTL-USB 串口、触摸区和复位按钮等做简要说明。

表 2-5 AHL-STM32L431 的基本组成

序号	部件	功能说明
1	三色灯	红、绿、蓝
2	温度传感器	测量环境温度
3	TTL-USB	两路 TTL 串口电平转 USB，与工具计算机通信，下载程序，用户串口
4	触摸区	进行初步的触摸实验
5	复位按钮	用户程序不能写入时，按此按钮 6 次以上，绿灯闪烁，可继续下载用户程序

笔记

（续）

序号	部件	功能说明
6	MCU	STM32L431 芯片
7	SWD	图 2-5 中最下方的接口，供利用 SWD 写入器写入 BIOS 使用
8	5V 转 3.3V 电路	实验时通过 Type-C 线接 PC，5V 引入本板，在板上转为 3.3V 给 MCU 供电
9	引出脚编号	1～73，把 MCU 的基本引脚全部再次引出，供应用开发者使用

（1）LED 三色灯

红（R）、绿（G）、蓝（B）三色灯电路原理图，如图 2-6 所示。三色灯的型号为 1SC3528VGB01MH08，内含红、绿、蓝 3 个发光二极管。图中，每个发光二极管的负极外接 1kΩ 限流电阻后接入 MCU 引脚，只要通过 MCU 内部的程序控制相应引脚输出低电平，对应的发光二极管就被点亮，从而达到软件控制硬件的目的。

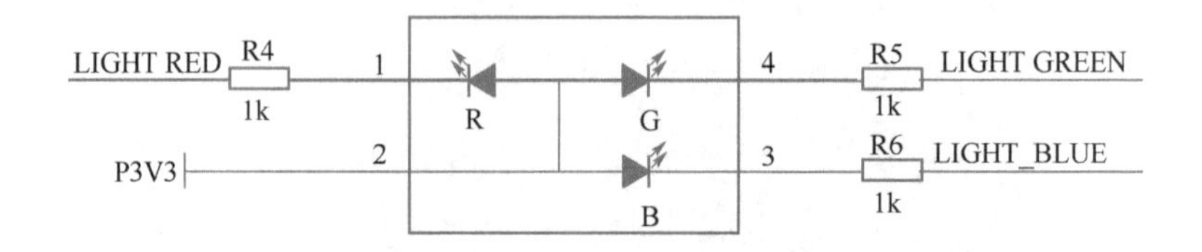

图 2-6　三色灯电路图

【思考】

查阅三色灯 1SC3528VGB01MH08 的芯片手册，查找其内部发光二极管的额定电流是多少？为了延长三色灯的使用寿命，限流电阻应该适当增大，还是适当减少？限流电阻增大或减少带来的影响是什么？

（2）温度传感器

AHL-STM32L431 除了 MCU 内部有温度传感器外，图 2-5 的右侧还有一个区域标有“热敏”字样，这是一个外接温度传感器，即热敏电阻，用于测量环境温度。

（3）TTL-USB 串口

这个用于使用 Type-C 线将 GEC 与 PC 的 USB 连接起来，实质是串行通信连接，PC 使用 USB 接口模拟串口是为了方便，现在的 PC 已经逐步没有串行通信接口，将在项目 3 对此进行阐述。这个 TTL-USB 串口提供了两路串口，一个用于下载用户程序与调试程序，一个供用户使用，项目 3 阐述其编程方法。

（4）触摸区

图 2-5 的右上部标有“金葫芦”字样的小铜板，是个可以模拟触摸按键

效果的区域。

（5）复位按钮

图 2-5 的左下部有个按钮，其作用是热复位。特别功能是，在短时间内连续按 6 次以上，GEC 进入 BIOS 运行状态，可以进行用户程序下载，仅用于解决 GEC 与开发环境连接不上时的写入操作问题。

2．AHL-STM32L431 的对外引脚

AHL-STM32L431 具有 73 个引脚，如表 2-6 所示。大部分是 MCU 的引脚直接引出，有的引脚功能被固定下来，在进行具体应用的硬件系统设计时查阅此表。

表 2-6　AHL-STM32L431 的引脚复用功能

编号	特定功能	MCU 引脚名	复用功能
1	GND	GND	
2		PTC9	TSC_G4_IO4/SDMMC1_D1
3		PTC8	TSC_G4_IO3/SDMMC1_D0
4		PTC7	TSC_G4_IO2/SDMMC1_D7
5		PTC6	TSC_G4_IO1/SDMMC1_D6
6		PTC5	COMP1_INP/ADC1_IN14/WKUP5/USART3_RX
7		PTC4	COMP1_INM/ADC1_IN13/ USART3_TX
8	用户串口	PTA3	UART_2_RX （UART_User）
9	GND	GND	
10	用户串口	PTA2	UART_2_TX （UART_User）
11		PTB1	COMP1_INM/ADC1_IN16/TIM1_CH3N/USART3_RTS_DE/LPUART1_RTS_DE/QUADSPI_BK1_IO0/LPTIM2_IN1/
12		PTB0	ADC1_IN15/TIM1_CH2N/SPI1_NSS/USART3_CK/QUADSPI_BK1_IO1/COMP1_OUT/SAI1_EXTCLK
13	调试串口	PTC11	UART_3_RX （UART_Debug，BIOS 保留使用）
14	调试串口	PTC10	UART_3_TX （UART_Debug，BIOS 保留使用）
15		PTA7	ADC1_IN12/IM1_CH1N/I2C3_SCL/SPI1_MOSI/QUADSPI_BK1_IO2/COMP2_OUT
16		PTA6	ADC1_IN11/TIM1_BKIN/SPI1_MISO/COMP1_OUT/USART3_CTS/LPUART1_CTS/QUADSPI_BK1_IO3/TIM1_BKIN_COMP2/TIM16_CH1
17	GND	GND	
18	GND	GND	
19	GNSS-ANT		GPS/北斗天线接入（保留）
20	GND	GND	
21		PTA5	COMP1_INM/COMP2_INM/ADC1_IN10/DAC1_OUT2/TIM2_CH1/TIM2_ETR/SPI1_SCK/LPTIM2_ETR
22		PTA15	JTDI/TIM2_CH1/TIM2_ETR/USART2_RX/SPI1_NSS/ SPI3_NSS/USART3_RTS_DE/TSC_G3_IO1/SWPMI1_SUSPEND

笔记

（续）

编号	特定功能	MCU 引脚名	复用功能
23		PTB3	COMP2_INM/JTDO-TRACESWO/TIM2_CH2/SPI1_SCK/SPI3_SCK/USART1_RTS_DE/SAI1_SCK_B
24		PTB4	COMP2_INP/NJTRST/I2C3_SDA/SPI1_MISO/ PI3_MISO/USART1_CTS/TSC_G2_IO1/SAI1_MCLK_B
25		PTB5	LPTIM1_IN1/I2C1_SMBA/SPI1_MOSI/SPI3_MOSI/USART1_CK/TSC_G2_IO2/COMP2_OUT/SAI1_SD_B/TIM16_BKIN
26	GND	GND	
27		PTB6	COMP2_INP/ LPTIM1_ETR/I2C1_SCL/USART1_TX/TSC_G2_IO3/SAI1_FS_B/TIM16_CH1N
28		PTB14	TIM1_CH2N/I2C2_SDA/SPI2_MISO/USART3_RTS_DE/TSC_G1_IO3/SWPMI1_RX/SAI1_MCLK_A/TIM15_CH1
29		PTB15	RTC_REFIN/TIM1_CH3N/SPI2_MOSI/TSC_G1_IO4/SWPMI1_SUSPEND/SAI1_SD_A/TIM15_CH2
30		PTB13	TIM1_CH1N/I2C2_SCL/SPI2_SCK/USART3_CTS/LPUART1_CTS/TSC_G1_IO2/SWPMI1_TX/SAI1_SCK_A/TIM15_CH1N
31		PTB12	TIM1_BKIN/TIM1_BKIN_COMP2/I2C2_SMBA/SPI2_NSS/USART3_CK/LPUART1_RTS_DE/TSC_G1_IO1/SWPMI1_IO/SAI1_FS_A/TIM15_BKIN
32	GND	GND	
33	保留		保留无线通信模组的天线接入使用
34	GND	GND	
35	GND	GND	
36	P3V3_ME		输出检测用 3.3V
37		PTA8	MCO/TIM1_CH1/USART1_CK/SWPMI1_IO/SAI1_SCK_A/LPTIM2_OUT/
38		PTB11	TIM2_CH4/I2C2_SDA/USART3_RX/LPUART1_TX/QUADSPI_BK1_NCS/COMP2_OUT
39		PTB10	TIM2_CH3/I2C2_SCL/SPI2_SCK/USART3_TX/LPUART1_RX/TSC_SYNC/QUADSPI_CLK/COMP1_OUT/SAI1_SCK_A
40		PTA4	COMP1_INM/COMP2_INM/ADC1_IN9/DAC1_OUT1/SPI1_NSS/SPI3_NSS/USART2_CK/SAI1_FS_B/LPTIM2_OUT
41		PTH1	OSC_OUT
42		PTH0	OSC_IN
43	GND	GND	
44		PTA1	OPAMP1_VINM/COMP1_INP/ADC1_IN6/TIM2_CH2/I2C1_SMBA/SPI1_SCK/USART2_RTS_DE/TIM15_CH1N
45		PTA0	OPAMP1_VINP/COMP1_INM/ADC1_IN5/RTC_TAMP2/WKUP1/TIM2_CH1/USART2_CTS/COMP1_OUT/SAI1_EXTCLK/TIM2_ETR
46		PTC1	ADC1_IN2/LPTIM1_OUT/I2C3_SDA/LPUART1_TX
47		PTC0	ADC1_IN1/LPTIM1_IN1/I2C3_SCL/LPUART1_RX/LPTIM2_IN1
48		PTC2	ADC1_IN3/LPTIM1_IN2/SPI2_MISO
49		PTC3	ADC1_IN4/LPTIM1_ETR/SPI2_MOSI, SAI1_SD_A/LPTIM2_ETR
50	RESET	NRST	
51	GND	GND	
52	GND	GND	
53	保留		
54	蓝灯引脚	PTB9	IR_OUT/I2C1_SDA/SPI2_NSS/CAN1_TX/SDMMC1_D5/SAI1_FS_A

笔 记

（续）

编号	特定功能	MCU 引脚名	复用功能
55	绿灯引脚	PTB8	I2C1_SCL/CAN1_RX/SDMMC1_D4/SAI1_MCLK_A/TIM16_CH1
56	红灯引脚	PTB7	COMP2_INM/PVD_IN/LPTIM1_IN2/I2C1_SDA/USART1_RX/TSC_G2_IO4
57	RST	NRST	
58	SWD_DIO	PTA13	JTMS-SWDIO/ IR_OUT/SWPMI1_TX/SAI1_SD_B
59		PTD2	USART3_RTS_DE/TSC_SYNC/SDMMC1_CMD
60	GND	GND	
61		PTC12	SPI3_MOSI/USART3_CK/TSC_G3_IO4/SDMMC1_CK
62	SWD_CLK	PTA14	JTCK-SWDCLK/LPTIM1_OUT/I2C1_SMBA/SWPMI1_RX/SAI1_FS_B
63	GND	GND	
64	3.3V		3.3V 输出（150mA）
65	GND	GND	
66	5V 输入		
67	5V 输入		
68	GND	GND	
69		PTC13	RTC_TAMP1/RTC_TS/RTC_OUT/WKUP2
70		PTA12	TIM1_ETR/ PI1_MOSI/USART1_RTS_DE/CAN1_TX
71		PTA11	TIM1_CH4/TIM1_BKIN2/SPI1_MISO/COMP1_OUT/USART1_CTS/CAN1_RX/TIM1_BKIN2_COMP1
72		PTA10	TIM1_CH3/ I2C1_SDA/USART1_RX/SAI1_SD_A
73		PTA9	TIM1_CH2/I2C1_SCL/USART1_TX/SAI1_FS_A/TIM15_BKIN

任务 2.3　GPIO 底层驱动构件文件的使用

任务 2.3　GPIO 底层驱动构件文件的使用

GPIO 是嵌入式应用开发最常用的功能，用途广泛，编程灵活，是嵌入式编程的重点和难点之一，本节首先介绍对 GPIO 的通用知识，然后介绍 STM32L431 的 GPIO 底层驱动构件头文件及使用方法。

2.3.1　GPIO 的通用知识

1. GPIO 概念

输入/输出（Input/Output，I/O）接口是 MCU 同外界进行交互的重要通道，MCU 与外部设备的数据交换通过 I/O 接口来实现。I/O 接口是一电子电路，其内部有若干专用寄存器和相应的控制逻辑电路构成。接口的英文单词是 interface，

笔记

另一个英文单词是 port。但有时把 interface 翻译成“接口”，而把 port 翻译成“端口”，从中文字面看，接口与端口似乎有点区别，但在嵌入式系统中它们的含义是相同的。有时把 I/O 引脚称为接口（Interface），而把用于对 I/O 引脚进行编程的寄存器称为端口（Port），实际上它们是紧密相连的。因此，有些书中甚至直接称 I/O 接口（端口）为 I/O 口。在嵌入式系统中，接口种类很多，有显而易见的人机交互接口，如键盘、显示器，也有无人介入的接口，如串行通信接口、USB 接口、网络接口等。

通用 I/O（General Purpose I/O，GPIO），即基本输入/输出，有时也称并行 I/O，或普通 I/O，它是 I/O 的最基本形式。本书中使用正逻辑，电源（Vcc）代表高电平，对应数字信号“1”；地（GND）代表低电平，对应数字信号“0”。作为通用输出引脚，MCU 内部程序通过端口寄存器控制该引脚状态，使得引脚输出“1”（高电平）或“0”（低电平），即开关量输出。作为通用输入引脚，MCU 内部程序可以通过端口寄存器获取该引脚状态，以确定该引脚是“1”（高电平）或“0”（低电平），即开关量输入。大多数通用 I/O 引脚可以通过编程来设定其工作方式为输入或输出，称之为双向通用 I/O。

2. 输出引脚的基本接法

作为通用输出引脚，MCU 内部程序向该引脚输出高电平或低电平来驱动器件工作，即开关量输出，如图 2-7 所示。

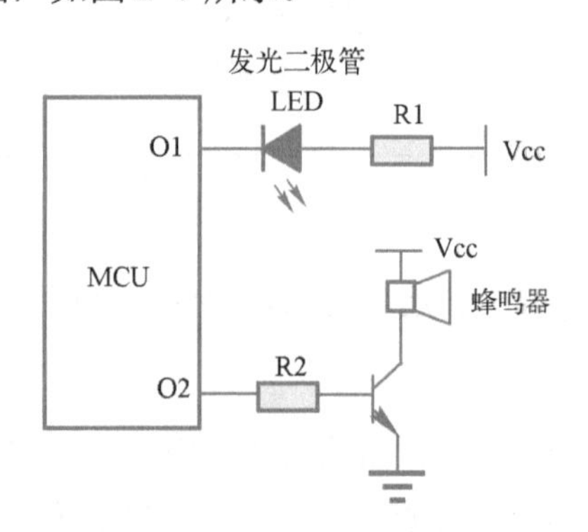

图 2-7 通用 I/O 引脚输出电路

输出引脚 O1 和 O2 采用了不同的方式驱动外部器件，一种接法是 O1 直接驱动发光二极管 LED，当 O1 引脚输出高电平时，LED 不亮；当 O1 引脚输出低电平时，LED 点亮。这种接法的驱动电流一般在 2～10mA。另一种接法是 O2 通过一个 NPN 晶体管驱动蜂鸣器，当 O2 引脚输出高电平时，晶体管导通，蜂鸣器响；当 O2 引脚输出低电平时，晶体管截止，蜂鸣器不响。这种接法可以用 O2 引脚上的几毫安（mA）的电流控制高达 100mA 的驱动电流。若负载需要更大的驱动电流，就必须采用光电隔离外加其他驱动电路，但对 MCU 编程来说，没有任何影响。

3. 上拉下拉电阻与输入引脚的基本接法

芯片输入引脚的外部有 3 种不同的连接方式：带上拉电阻的连接、带下拉电阻的连接和“悬空”连接。通俗地说，若 MCU 的某个引脚通过一个电阻接到电源（Vcc）上，这个电阻被称为“上拉电阻”；与之相对应，若 MCU 的某个引脚通过一个电阻接到地（GND）上，则相应的电阻被称为“下拉电阻”。这种做法使得，悬空的芯片引脚被上拉电阻或下拉电阻初始化为高电平或低电平。根据实际情况，上拉电阻与下拉电阻可以取值在 1～10kΩ 之间，其阻值大小与静态电流及系统功耗有关。

图 2-8 给出了一个 MCU 的输入引脚的 3 种外部连接方式，假设 MCU 内部没有上拉或下拉电阻，图中的引脚 I3 上的开关 K3 采用悬空方式连接就不合适，因为 K3 断开时，引脚 I3 的电平不确定，图中，R1>>R2，R3<<R4，各电阻的典型取值为：R1=10kΩ，R2=200Ω，R3=200Ω，R4=10kΩ。

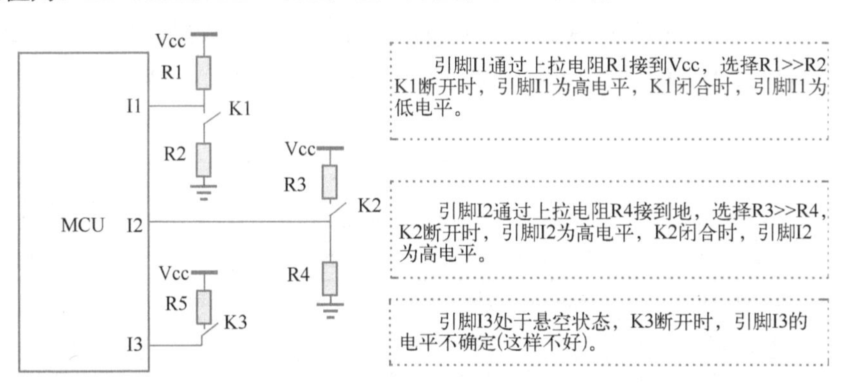

图 2-8　通用 I/O 引脚输入电路接法举例

【思考】

上拉电阻的实际取值如何确定？

2.3.2 STM32L431 的 GPIO 底层驱动构件文件及使用方法

1. STM32L431 的 GPIO 引脚

64 引脚封装的 STM32L431 芯片的 GPIO 引脚分为 5 个端口，标记为 A、B、C、D、H，共含 50 个引脚。端口作为 GPIO 引脚时，逻辑 1 对应高电平，逻辑 0 对应着低电平。GPIO 模块使用系统时钟，从实时性细节来说，当作为通用输出时，高/低电平出现在时钟上升沿。下面给出各口可作为 GPIO 功能的引

笔记

脚数目及引脚名称。

1）A 口有 16 个引脚，分别记为 PTA[0～15]。

2）B 口有 16 个引脚，分别记为 PTB[0～15]。

3）C 口有 16 个引脚，分别记为 PTC[0～15]。

4）D 口有 1 个引脚，记为 PTD2。

5）H 口有 1 个引脚，记为 PTH3。

2. GPIO 寄存器概述

每个 GPIO 端口包含 11 个 32 位寄存器，具体是 4 个配置寄存器、两个数据寄存器和 5 个其他寄存器。表 2-7 给出了端口 A 的寄存器（表中的 CPIOx=GPIOA）。端口 A 寄存器的基地址为 0x4800_0000，也就是模式寄存器的地址，其他寄存器的地址顺序加 4 字节。端口 B 的基地址为端口 A 基地址加 0x0000_0400，其他端口基地址顺推。端口 A、端口 B、端口 C～端口 E、端口 H 模式寄存器复位值，分别为 0xABFF_FFFF、0xFFFF_FEBF、0xFFFF_FFFF、0x0000_000F。端口 A 输出速度寄存器复位时为 0x0C00_0000，输入数据寄存器和输出数据寄存器为只读寄存器，复位时为 0x0000_xxxx；其他端口寄存器复位时均为 0x0000_0000。

表 2-7 端口 A 寄存器

类型	绝对地址	寄存器名	R/W	功能简述
配置寄存器	0x4800_0000	模式寄存器（GPIOx_MODER）	R/W	配置引脚功能模式
	0x4800_0004	输出类型寄存器（GPIOx_OTYPER）	R/W	配置引脚输出类型
	0x4800_0008	输出速度寄存器（GPIOx_OSPEEDR）	R/W	设置引脚输出速度
	0x4800_000C	上拉/下拉寄存器（GPIOx_PUPDR）	R/W	设置上拉/下拉
数据寄存器	0x4800_0010	输入数据寄存器（GPIOx_IDR）	R	读取输入引脚电平
	0x4800_0014	输出数据寄存器（GPIOx_ODR）	R/W	读取输出引脚电平
其他寄存器	0x4800_0018	置位/复位寄存器（GPIOx_BSRR）	W	置位/复位输出引脚
	0x4800_001C	锁定寄存器（GPIOx_LCKR）	R/W	锁定引脚配置
	0x4800_0020	复用功能选择寄存器（低）（GPIOx_AFRL）	R/W	0～7 号引脚功能复用
	0x4800_0024	复用功能选择寄存器（高）（GPIOx_AFRH）	R/W	8～15 号引脚功能复用
	0x4800_0028	复位寄存器（GPIOx_BRR）	W	复位输出引脚电平

3. STM32L431 的 GPIO 底层驱动构件

嵌入式系统的重要特点是软件硬件相结合，通过软件获得硬件的状态，控制硬件的动作。通常情况下，软件与某一硬件模块打交道通过其底层驱动构件，也就是封装好的一些函数，编程时通过调用这些函数，干预硬件。这样就把制作构件与使用构件的工作分成不同的过程。就像建造桥梁，先做标准预制板一样，这个标准预制板就是构件。

笔 记

对 GPIO 底层驱动程序封装成构件后，用户可直接调用 GPIO 底层驱动构件程序，实现通过 GPIO 对不同外设进行检测或控制的功能。因此，将底层驱动封装成构件，便于程序的移植和复用，从而减小重复劳动，使广大 MCU 应用开发者专注于上层软件的稳定性与功能设计。

GPIO 底层驱动构件由 gpio.h 头文件和 gpio.c 源文件组成，若要使用 GPIO 底层驱动构件，只需将这两个文件添加到所建工程的 03_MCU\MCU_drivers 文件夹中，即可实现对 GPIO 引脚的操作。其中，gpio.h 头文件主要包括相关头文件的包含、一些必要的宏定义、应用程序接口（Application Programming Interface，API）函数的声明；而 gpio.c 源文件则是应用程序接口函数的具体实现，其内容可参阅..03_MCU\MCU_drivers\gpio.c 文件，需要结合 STM32L431 参考手册中的 GPIO 模块信息和芯片头文件 STM32L431xx.h 进行分析，对初学者可不作要求。应用开发者只要熟悉 gpio.h 头文件的内容，即可使用 GPIO 底层驱动构件进行编程。

每个驱动构件均含有若干函数，例如 GPIO 构件中含有初始化、设定引脚状态、获取引脚状态等函数，使用构件可通过应用程序接口使用这些函数，也就是调用函数名，并使其参数实例化。所谓驱动构件的 API 是应用程序与构件之间的衔接约定，使得应用程序开发人员通过它干预硬件，而无须理解其内部工作细节。

（1）GPIO 构件的常用函数

GPIO 构件主要的 API 有：GPIO 的初始化、设置引脚状态、获取引脚状态、设置引脚中断等。表 2-8 给出了 GPIO 常用接口函数，这些函数声明放在头文件 gpio.h 中，构件头文件是构件的使用说明。

表 2-8　GPIO 常用接口函数

序号	函数名	简明功能	描述
1	gpio_init	初始化	引脚复用为 GPIO 功能；定义其为输入或输出；若为输出，则需给出其初始状态
2	gpio_set	设定引脚状态	在 GPIO 输出情况下，设定引脚状态（高/低电平）
3	gpio_get	获取引脚状态	在 GPIO 输入情况下，获取引脚状态（1/0）
4	gpio_reverse	反转引脚状态	在 GPIO 输出情况下，反转引脚状态
5	gpio_pull	设置引脚上拉/下拉	当 GPIO 输入情况下，设置引脚上拉/下拉
6	gpio_enable_int	使能中断	当 GPIO 输入情况下，使能引脚中断
7	gpio_disable_int	关闭中断	当 GPIO 输入情况下，关闭引脚中断
…	…		

在 GPIO 驱动构件设计时，需要进行封装要点分析，即分析应该设计哪些函数及入口参数。GPIO 引脚可以定义成输入、输出两种情况：若是输入，则程序需要获得引脚的状态（逻辑 1 或 0）；若是输出，则程序可以设置引脚状态（逻

笔 记

辑 1 或 0）。MCU 的 PORT 模块分为许多端口，每个端口有若干引脚。GPIO 驱动构件可以实现对所有 GPIO 引脚统一编程。

1）模块初始化（gpio_init）。

由于芯片引脚具有复用特性，应把引脚设置成 GPIO 功能；同时定义成输入或输出；若是输出，还要给出初始状态。所以 GPIO 模块初始化函数 gpio_init 的参数为：哪个引脚、是输入还是输出、若是输出其状态是什么。函数不必有返回值。其中引脚可用一个 16 位数据描述，高 8 位表示端口号，低 8 位表示端口内的引脚号。这样 GPIO 模块初始化函数原型可以设计为：

```
void gpio_init(uint16_t port_pin, uint8_t dir, uint8_t state);
```

其中，uint8_t 是无符号 8 位整型的别名，uint16_t 是无符号 16 位整型的别名，本书后面不再特别说明。

2）设置引脚状态（gpio_set）。

对于输出，通过函数设置引脚是高电平（逻辑 1）还是低电平（逻辑 0）。入口参数应该是哪个引脚、输出其状态是什么，函数不必有返回值。这样设置引脚状态的函数原型可以设计为：

```
void gpio_set(uint16_t port_pin, uint8_t state);
```

3）获得引脚状态（gpio_get）。

对于输入，通过函数获得引脚的状态是高电平（逻辑 1）还是低电平（逻辑 0），入口参数应该是哪个引脚、函数需要返回值（引脚状态）。这样获得引脚状态的函数原型可以设计为：

```
uint8_t gpio_get(uint16_t port_pin);
```

4）引脚状态反转（void gpio_reverse）。

类似的分析，可以设计引脚状态反转函数的原型为：

```
void gpio_reverse(uint16_t port_pin);
```

5）引脚上下拉使能函数（void gpio_pull）。

若引脚被设置成输入，可以设定内部上下拉，STM32 内部上下拉电阻大小为 20～50kΩ。引脚上下拉使能函数的原型为：

```
void gpio_pull(uint16_t port_pin, uint8_t pullselect);
```

这些函数基本满足了对 GPIO 操作的基本需求。还有中断使能与禁止[①]、引

① 关于使能（Enable）与禁止（Disable）中断，文献中有多种中文翻译，如使能、开启；除能、关闭等，本书统一使用使能中断与禁止中断的说法。

脚驱动能力等函数，比较深的内容，可暂时略过，使用或深入学习时参考 GPIO 构件即可。

（2）GPIO 构件的头文件 gpio.h

头文件 gpio.h 中包含的主要内容有：头文件说明、防止重复包含的条件编译代码结构“#ifndef ...#define ...#endif”、有关宏定义、构件中各函数的 API 及使用说明等。这里给出几个常用的 GPIO 构件函数的 API，其他函数 API 参见样例工程源码电子文件。

```
//===========================================================================
//文件名称：gpio.h
//功能概要：GPIO 底层驱动构件头文件
//版权所有：SD-EAI&IoT Lab.
//版本更新：20190520-20200221
//芯片类型：STM32L431
//===========================================================================

#ifndef  GPIO_H        //防止重复定义（GPIO_H  开头)
#define  GPIO_H
…
// 端口号地址偏移量宏定义
#define PTA_NUM     (0<<8)
#define PTB_NUM     (1<<8)
#define PTC_NUM     (2<<8)
#define PTD_NUM     (3<<8)
#define PTE_NUM     (4<<8)
#define PTH_NUM     (7<<8)
// GPIO 引脚方向宏定义
#define GPIO_INPUT     (0)      //GPIO 输入
#define GPIO_OUTPUT    (1)      //GPIO 输出

//===========================================================================
//函数名称：gpio_init
//函数返回：无
//参数说明：port_pin：(端口号)|(引脚号)（如：(PTB_NUM)|(9) 表示为 B 口 9 号脚）
//          dir：引脚方向（0=输入，1=输出,可用引脚方向宏定义）
//          state：端口引脚初始状态（0=低电平，1=高电平）
//功能概要：初始化指定端口引脚作为 GPIO 引脚功能，并定义为输入或输出，若是输出，
//          还指定初始状态是低电平或高电平
```

笔 记

```
//======================================================================
void gpio_init(uint16_t port_pin, uint8_t dir, uint8_t state);

//======================================================================
//函数名称：gpio_set
//函数返回：无
//参数说明：port_pin：(端口号)|(引脚号)（如：(PTB_NUM)|(9) 表示为B口9号脚）
//          state：希望设置的端口引脚状态（0=低电平，1=高电平）
//功能概要：当指定端口引脚被定义为GPIO功能且为输出时，本函数设定引脚状态
//======================================================================
void gpio_set(uint16_t port_pin, uint8_t state);

//======================================================================
//函数名称：gpio_get
//函数返回：指定端口引脚的状态（1或0）
//参数说明：port_pin：(端口号)|(引脚号)（如：(PTB_NUM)|(9) 表示为B口9号脚）
//功能概要：当指定端口引脚被定义为GPIO功能且为输入时，本函数获取指定引脚状态
//======================================================================
uint8_t gpio_get(uint16_t port_pin);

//======================================================================
//函数名称：gpio_reverse
//函数返回：无
//参数说明：port_pin：(端口号)|(引脚号)（如：(PTB_NUM)|(9) 表示为B口9号脚）
//功能概要：当指定端口引脚被定义为GPIO功能且为输出时，本函数反转引脚状态
//======================================================================
void gpio_reverse(uint16_t port_pin);
…
#endif    //防止重复定义（GPIO_H  结尾）
```

任务 2.4 嵌入式构件化设计及闪灯的实现

2.4.1 小灯硬件构件的设计及使用方法

嵌入式应用领域所使用的 MCU 芯片种类繁多，并且应用场合也千变万化。为了实现嵌入式系统设计在不同 MCU 和不同应用场合中的可移植和可复用，嵌

笔 记

入式硬件和软件均需采用“构件化”设计。

现以图 2-9 给出的小灯硬件构件为例，说明硬件构件的设计及使用方法。图 2-9a 虚线框内的粗体标识为硬件构件的接口注释，便于理解该接口的含义和功能；图 2-9b 虚线框外的正体标识为硬件构件的接口网标，具有电气连接特性，表示硬件构件的接口与 MCU 的引脚相连接。硬件构件在不同应用系统中移植和复用时，仅需修改接口网标。

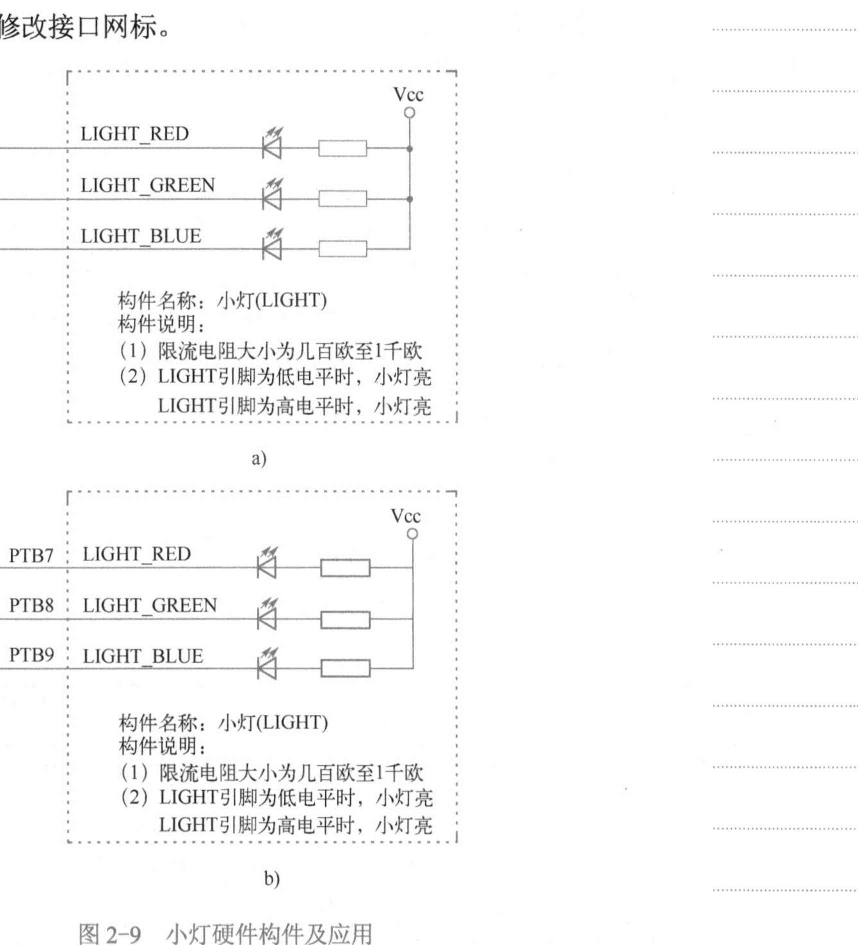

图 2-9 小灯硬件构件及应用

在软件设计时，可通过宏定义实现小灯硬件构件引脚与 MCU 引脚的对应关系。例如：

```
#define    LIGHT_RED       (PTB_NUM|7)
```

2.4.2 嵌入式软件最小系统

嵌入式系统工程包含若干文件，包括程序文件、头文件、与编译调试相关的文件、工程说明文件、开发环境生成文件等，文件众多，合理组织这些文件，规

笔 记

范工程组织，可以提高项目的开发效率、提高阅读清晰度、提高可维护性、降低维护难度。工程组织应体现嵌入式软件工程的基本原则与基本思想。这个工程框架也被称为软件最小系统框架，因为它包含工程的最基本要素。软件最小系统框架是一个能够点亮一个发光二管的，甚至带有串口调试构件的，包含工程规范完整要素的可移植与可复用的工程模板。

该工程模板简洁易懂，去掉了一些初学者不易理解或不必要的文件，同时应用底层驱动构件化的思想改进了程序结构，重新分类组织了工程，目的是引导读者进行规范的文件组织与编程。

1. 工程名与新建工程

不同工程文件夹区别不同的工程，其名称一般与工程名一致。这样工程文件夹内的文件中所含的工程名字不再具有标识意义，可以修改，也可以不修改。对于新工程文件夹，建议使用手动复制标准模板工程文件夹或复制功能更少的旧标准工程的方法来建立，这样，复用的构件已经存在，框架保留，体系清晰。不推荐使用 IDE 或其他开发环境的新建功能来建立一个新工程。

2. 工程文件夹内的基本内容

工程文件夹内编号的共含 7 个下级文件夹，除去 AHL_GEC_IDE 环境保留的文件夹 Debug 外，分别是 01_Doc、02_CPU、03_MCU、04_GEC、05_UserBoard、06_ SoftComponent、07_NosPrg，其简明功能及特点见表 2-9。

表 2-9　工程文件夹内的基本内容

名称	文件夹		简明功能及特点
文档文件夹	01_Doc		工程改动时，及时记录更新情况
CPU 文件夹	02_CPU		与内核相关的文件
MCU 文件夹	03_MCU	linker_File	链接文件夹，存放链接文件
		MCU_drivers	MCU 底层构件文件夹，存放芯片级硬件驱动
		startup	启动文件夹，存放芯片头文件及芯片初始化文件
GEC 相关文件夹	04_GEC		GEC 芯片相关文件夹，存放引脚头文件
用户板文件夹	05_UserBoard		用户板文件夹，存放应用级硬件驱动，即应用构件
软件构件文件夹	06_SoftComponent		抽象软件构件文件夹，存放与硬件不直接相关的软件构件
无操作系统源程序文件夹	07_NosPrg	include.h	总头文件，包括各类宏定义
		isr.c	中断服务程序文件，存放各中断服务程序子函数
		main.c	主程序文件，存放芯片启动的入口 main 函数

3. CPU（内核）相关文件简介

CPU（内核）相关文件（core_cm4.h、core_cmFunc.h、core_cmInstr.h）位于工程框架的“..\02_CPU”文件夹内，它们是 ARM 公司提供的符合 ARM Cortex

微控制器软件接口标准（Cortex Microcontroller Software Interface Standard，CMSIS）的内核相关文件，原则上与具体芯片制造商无关。其中 core_cm4.h 为 ARM Cortex-M4 内核的外设访问层头文件，而 core_cmFunc.h 和 core_cmInstr.h 则分别为 ARM Cortex-M 系列内核函数及指令访问头文件。使用 CMSIS 标准可简化程序的开发流程，提高程序的可移植性。对任何使用该 CPU 设计的芯片，该文件夹内容均相同。

4．MCU（芯片）相关文件简介

MCU（芯片）相关文件（startup_stm32l431rctx.s、stm32l4xx.h、stm32l431xx.h、system_stm32l4xx.c 、system_stm32l4xx.h）位于工程框架的“..\03_MCU\startup”文件夹内。由芯片厂商提供。

芯片头文件 stm32l431xx.h 中，给出了芯片专用的寄存器地址映射，设计面向直接硬件操作的底层驱动时，利用该文件使用映射寄存器名，获得对应地址。该文件一般由芯片设计人员提供，一般嵌入式应用开发者不必修改该文件，只需遵循其中的命名。

启动文件 startup_stm32l431rctx.s，包含中断向量表。

系统初始化文件 system_stm32l4xx.c 和 system_stm32l4xx.h，主要存放启动文件 startup_stm32l431rctx.s 中调用的系统初始化函数 SystemInit 及其相关宏常量的定义，此函数实现关闭看门狗及配置系统工作时钟的功能。

5．应用程序源代码文件—includes.h、main.c 及 isr.c

在工程框架的“..\ 07_NosPrg”文件夹内放置着总头文件 includes.h、main.c 及中断服务例程文件 isr.c。

总头文件 includes.h 是 main.c 使用的头文件，内含常量、全局变量声明、外部函数及外部变量的引用。

主程序文件 main.c 是应用程序启动后的总入口，main 函数即在该文件中实现。在 main 函数中包含一个主循环，对具体事务过程的操作几乎都是添加在该主循环中。应用程序的执行一共有两条独立的线路，一条运行路线，另一条是中断线路，在 isr.c 文件中编程。若有操作系统，则在这里启动操作系统调度器。

中断服务例程文件 isr.c 是中断处理函数编程的地方，有关中断编程问题将在项目 3 中阐述。

2.4.3 闪灯的应用层程序设计及效果测试

1．闪灯的应用层程序设计

在表 2-9 所示的框架下，设计 07_NosPrg 中的 main.c 文件，以实现小灯闪

笔 记

烁的效果。具体代码如下。

```
//======================================================================
//文件名称：main.c（应用工程主函数）
//框架提供：SD-Arm（sumcu.suda.edu.cn）
//版本更新：20191108-20200419
//功能描述：见本工程的..\01_Doc\Readme.txt
//移植规则：【固定】
//======================================================================
#define GLOBLE_VAR
#include "includes.h"          //包含总头文件
//----------------------------------------------------------------------
//声明使用到的内部函数
//main.c 使用的内部函数声明处
//----------------------------------------------------------------------
//主函数，一般情况下可以认为程序从此开始运行
int main(void)
{
    //（1）======启动部分
    //（1.1）声明 main 函数使用的局部变量
    uint32_t   mMainLoopCount;          //主循环次数变量
    uint8_t    mFlag;                   //灯的状态标志
    uint32_t   mLightCount;             //灯的状态切换次数
    //（1.2）【不变】关总中断
    DISABLE_INTERRUPTS;
    //（1.3）给主函数使用的局部变量赋初值
    mMainLoopCount=0;                   //主循环次数变量
    mFlag='A';                          //灯的状态标志
    mLightCount=0;                      //灯的闪烁次数
    //（1.4）给全局变量赋初值

    //（1.5）用户外设模块初始化
    gpio_init(LIGHT_BLUE,GPIO_OUTPUT,LIGHT_ON);      //初始化蓝灯
    //（1.6）使能模块中断

    //（1.7）【不变】开总中断
    ENABLE_INTERRUPTS;
    //（1.8）向 PC 串口调试窗口输出信息
```

笔 记

```
    printf("------------------------------------------------------\n");
    printf("金葫芦提示：构件法输出控制小灯亮暗      \n");
    printf("      第一次用构件方法点亮的蓝色发光二极管，\n");
    printf("      这是进行应用编程的第一步，可以在此基础上，\n");
    printf("      “照葫芦画瓢”地继续学习实践。\n");
    printf("      例如：改为绿灯；调整闪烁频率等。\n");
    printf("------------------------------------------------------\n");
    //（2）======主循环部分
    for(;;)
    {
        //（2.1）主循环次数变量+1
        mMainLoopCount++;
        //（2.2）未达到主循环次数设定值，继续循环
        if (mMainLoopCount<=12888999)    continue;
        //（2.3）达到主循环次数设定值，执行下列语句，进行灯的亮暗处理
        //（2.3.1）清除循环次数变量
        mMainLoopCount=0;
        //（2.3.2）如灯状态标志 mFlag 为'L'，灯的闪烁次数+1 并显示闪烁次数，
        //改变灯状态及标志
        if (mFlag=='L')                          //判断灯的状态标志
        {
            mLightCount++;
            printf("灯的闪烁次数  mLightCount = %d\n",mLightCount);
            mFlag='A';                           //灯的状态标志
            gpio_set(LIGHT_BLUE,LIGHT_ON);       //灯“亮”
            printf(" LIGHT_BLUE:ON--\n");        //串口输出灯的状态
        }
        //（2.3.3）如灯状态标志 mFlag 为'A'，改变灯状态及标志
        else
        {
            mFlag='L';                           //灯的状态标志
            gpio_set(LIGHT_BLUE,LIGHT_OFF);      //灯“暗”
            printf(" LIGHT_BLUE:OFF--\n");       //串口输出灯的状态
        }
}
}
```

笔 记

2．闪灯效果的测试

按照 1.1.2 节介绍的步骤，将“..\04-Software\XM02\GPIO-Output-STM32L431”工程导入集成开发环境 AHL-GEC-IDE，然后依次编译工程、连接 GEC，最后将工程目录下 Debug 文件夹中的.hex 文件下载至 MCU 中，单击“一键自动更新”按钮，等待程序自动更新完成。当更新完成之后，程序将自动运行。同时观察小灯的闪烁效果和 PC 界面显示情况。

【拓展任务】

1．M4 微处理器有哪些寄存器？简要给出各寄存器的作用。

2．举例说明，对照命名格式，从所用 MCU 芯片的芯片型号标识可以获得哪些信息。

3．给出所学 MCU 芯片的 RAM 及 Flash 大小、地址范围。

4．什么是芯片的硬件最小系统？它由哪几个部分组成？简要阐述各部分技术要点。

5．分析 2.4.3 节中主程序的执行流程。

6．修改 2.4.3 节中主程序的代码，分别实现以下功能。

1）改变小灯闪烁的频率。

2）控制其他小灯闪烁。

3）实现三色灯及彩灯的效果。

项目 3 利用 UART 实现上位机和下位机的通信

项目导读：

本项目阐述了 STM32L431 的串行通信构件化编程。主要内容有两个模块：异步串行通信模块及中断模块。首先是异步串行通信模块，给出了异步串行通信的通用基础知识，使读者理解串行通信的基本概念及编程模型；阐述了基于构件的串行通信编程方法，这是一般应用级编程的基本模式；还给出了 UART 构件头文件的内容。其次是中断模块，给出了 ARM Cortex-M4 中断机制及 STM32L431 中断编程步骤，阐述了嵌入式系统的中断处理基本方法。最后给出了串口通信及中断实验，读者可以通过实验熟悉 MCU 的异步串行通信 UART 的工作原理，掌握 UART 的通信编程方法。

任务 3.1 熟知 UART 的通用知识

任务 3.1 熟知 UART 的通用知识

串行通信接口简称“串口”、UART 或 SCI。在 USB 未普及之前，串口是 PC 必备的通信接口之一。作为设备间简便的通信方式，在相当长的时间内，串口还不会消失，在市场上也可很容易购买到各种电平到 USB 的串口转接器，以便与没有串口但具有多个 USB 接口的笔记本计算机或 PC 连接。MCU 中的串口通信，在硬件上，一般只需要 3 根线，分别称为发送线（TXD）、接收线（RXD）和地线（GND）；通信方式上，属于单字节通信，是嵌入式开发中重要的打桩调试手段。实现串口功能的模块在一部分 MCU 中被称为通用异步收发器（Universal Asynchronous Receiver-Transmitters，UART），在另一些 MCU 中被称为串行通信接口（Serial Communication Interface，SCI）。

本节简要概述 UART 的基本概念与硬件连接方法，为学习 MCU 的 UART 编程做准备。

3.1.1 串行通信的基本概念

“位”（bit）是单个二进制数字的简称，是可以拥有两种状态的最小二进制

笔 记

值，分别用“0”和“1”表示。在计算机中，通常一个信息单位用 8 位二进制表示，称为一“字节”(Byte)。串行通信的特点是：数据以字节为单位，按位的顺序（如最高位优先）从一条传输线上发送出去。这里至少涉及 4 个问题：①每个字节之间是如何区分的？②发送 1 位的持续时间是多少？③怎样知道传输是正确的？④可以传输多远？这些问题所需要的知识点涉及串行通信的基本概念。串行通信分为异步通信与同步通信两种方式，本节主要给出异步串行通信的一些常用概念。正确理解这些概念，对串行通信编程是有益的。还应掌握异步串行通信的格式与波特率，至于奇偶校验与串行通信的传输方式术语了解即可。

1. 异步串行通信的格式

在 MCU 的英文芯片手册上，通常说的异步串行通信的格式是标准不归零传号/空号数据格式（Standard Non-Return-Zero Mark/Space Data Forma），该格式采用不归零码（Non-Return to Zero，NRZ）格式。“不归零”的最初含义是：采用双极性表示二进制值，如用负电平表示一种二进制值，正电平表示另一种二进制值。在表示一个二进制值码元时，电压均无须回到零，故称不归零码。“mark/space”即“传号/空号”分别是表示两种状态的物理名称，逻辑名称记为“1/0”。对学习嵌入式应用的读者而言，只要理解这种格式只有“1”“0”两种逻辑值就可以了。UART 串口通信的数据包以帧为单位，常用的帧结构为：1 位起始位+8 位数据位+1 位奇偶校验位（可选）+1 位停止位。图 3-1 给出了 8 位数据、无校验情况的串行通信传送格式。

图 3-1 串行通信传送格式

这种格式的空闲状态为“1”，发送器通过发送一个“0”表示 1 字节传输的开始，随后是数据位（在 MCU 中一般是 8 位或 9 位，可以包含校验位）。最后，发送器发送 1 位或 2 位的停止位，表示 1 字节传送结束。若继续发送下 1 字节，则重新发送开始位（这就是异步的含义了），开始一个新的字节传送。若不发送新的字节，则维持“1”的状态，使发送数据线处于空闲。从开始位到停止位结束的时间间隔称为 1 字节帧（Byte Frame）。所以，也称这种格式为字节帧格式。每发送 1 字节，都要发送“开始位”与“停止位”，这是影响异步串行通信传送速度的因素之一。

【思考】

UART 中每个字节之间是如何区分开的？

笔 记

2. 串行通信的波特率

位长（Bit Length）也称为位的持续时间（Bit Duration），其倒数就是单位时间内传送的位数。串口通信的速度用波特率来表示，它定义为每秒传输的二进制位数，1 波特=1 位/s，单位为 bit/s（bps）。bps 是英文 bit per second 的缩写，习惯上这个缩写不用大写，而用小写。通常情况下，波特率的单位可以省略。只有通信双方的波特率相同时才可以进行正常通信。

通常使用的波特率有 9600、19200、38400、57600 及 115200 等。如果采用 10 位表示 1 字节，包含开始位、数据位及停止位，很容易计算出，在各波特率下，发送 1KB 所需的时间。显然，这个速度相对于目前许多通信方式而言是比较慢的，那么，异步串行通信的速度能否提得很高呢？答案是不能。因为随着波特率的提高，位长变小，以至于很容易受到电磁源的干扰，通信就不可靠了。当然，还有通信距离问题，距离小，可以适当提高波特率，但这样提高的幅度非常有限，达不到大幅度提高的目的。

3. 奇偶校验

在异步串行通信中，如何知道 1 字节的传输是否正确？最常见的方法是增加一个位（奇偶校验位），供错误检测使用。字符奇偶校验检查（Character Parity Checking，CPC）称为垂直冗余检查（Vertical Redundancy Checking，VRC），它是为每个字符增加一个额外位使字符中“1”的个数为奇数或偶数，因此奇偶校验位分为奇校验和偶校验两种，是一种简单的数据误码校验方法。在异步串行通信中奇校验是指每帧数据中，包括数据位和奇偶校验位的全部 9 位中 1 的个数必须为奇数；偶校验是指每帧数据中，包括数据位和奇偶校验位的全部 9 位中 1 的个数必须为偶数。

这里列举奇偶校验检查的一个实例，若数据位为 8 位，校验位为 1 位，传输的数据是 01010010。由于“01010010”中有 3 个位为“1”，若使用奇校验检查，则校验位为 0；如果使用偶校验检查，则校验位为 1。

在传输过程中，若有 1 位（或奇数个数据位）发生错误，使用奇偶校验检查，可以发现发生了传输错误。若有 2 位（或偶数个数据位）发生错误，使用奇偶校验检查，就不能知道是否发生了传输错误。但是奇偶校验检查方法简单，使用方便，发生 1 位错误的概率远大于 2 位的概率，所以“奇偶校验”这种方法是最为常用的校验方法。几乎所有 MCU 的串行异步通信接口，都提供这种功能。但实际编程使用较少，原因是单字节校验意义不大。

4. 串行通信传输方式术语

在串行通信中，经常用到全双工、半双工、单工等术语，它们是串行通信的

笔记

不同传输方式。下面简要介绍这些术语的基本含义。

1）全双工（Full-duplex）：数据传送是双向的，且可以同时接收与发送数据。这种传输方式中，除了地线之外，需要两根数据线，站在任何一端的角度看，一根为发送线，另一根为接收线。一般情况下，MCU 的异步串行通信接口均是全双工的。

2）半双工（Half-duplex）：数据传送也是双向的，但是在这种传输方式中，除地线之外，一般只有一根数据线。任何时刻，只能由一方发送数据，另一方接收数据，不能同时收发。

3）单工（Simplex）：数据传送是单向的，一端为发送端，另一端为接收端。这种传输方式中，除了地线之外，只要一根数据线就可以了。有线广播的传播方式就是单工的。

3.1.2 TTL-USB 串口

由于 USB 接口已经在笔记本计算机及个人计算机标准配置中普及，但是笔记本计算机及个人计算机作为 MCU 程序开发的工具机，需要与 MCU 进行串行通信。于是出现了 TTL-USB 串口芯片，这里介绍南京沁恒微电子股份有限公司生产的一款双路串口转 USB 芯片 CH342。

1. CH342 简介

CH342 是南京沁恒微电子有限公司推出的一款 TTL-USB 串口转接芯片，能够实现两个异步串口与 USB 信号的转换。CH342 芯片有 3 个电源端，内置了产生 3.3V 的电源调节器，工作电压在 1.8～5V 之间；含有内置时钟电路，支持的通信波特率在 50bit/s～3Mbit/s，工作温度在-40～+85℃。

2. CH342 与 STM32L431 的连接电路

CH342 芯片在引脚结构上包括数据传输引脚、MODEM 联络信号引脚、辅助引脚。如图 3-2 所示，CH342 中的数据传输引脚包括 TXD 引脚和 RXD 引脚，两个电源引脚包括 VIO 引脚和 VBUS 引脚，UD+和 UD-引脚分别连接 USB 总线上。

图 3-2 是 USB 转双串口的电路原理图，可以将 CH342 看作是一个终端构件。图中 USB 的 Vcc 引脚连接 CH342 的 VBUS 和 VIO 引脚来为其提供 5V 电源，使其能够正常运行；USB 的总线 DP2 和 DN2 引脚则连接 CH342 的 UD+和 UD-引脚上；这里要注意的是 CH342 的 RXD0 和 RXD1 引脚要分别连接到 MCU 芯片上串口的发送引脚 TX 上，TXD0 和 TXD1 引脚要连接到 MCU 芯片上串口的接收引脚 RX 上。这里连接的是 MCU 上的 UART1（RX 为 PTA3，TX 为

笔 记

PTA2）和 UART3（RX 为 PTC11，TX 为 PTC10）。

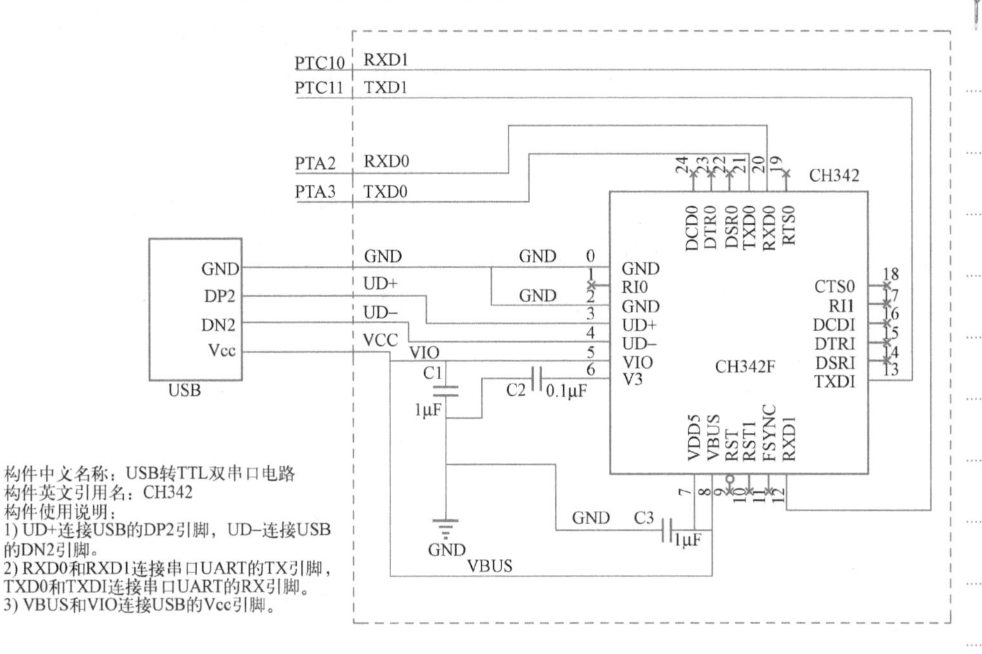

图 3-2　USB 转双串口构件

3．CH342 串口的使用

电子教学资源“..\Tool”文件夹下的 CH343CDC.EXE 文件为 CH342 驱动，可以安装使用。Windows10 操作系统下可以免安装驱动。当 AHL-STM32L431 通过 Type-C 连接计算机后，可以在“设备管理器”下的“通用串行总线控制器”中看到有该设备接入的两个串口提示，即可使用。

3.1.3　串行通信编程模型

从基本原理角度看，串行通信接口 UART 的主要功能是：接收时，把外部的单线输入的数据变成 1 字节的并行数据送入 MCU 内部；发送时，把需要发送的 1 字节的并行数据转换为单线输出。图 3-3 给出了一般 MCU 的 UART 模块的功能描述。

为了设置波特率，UART 应具有波特率寄存器。为了能够设置通信格式、是否校验、是否允许中断等，UART 应具有控制寄存器。而要知道串口是否有数据可接收、数据是否发送出去等，需要有 UART 状态寄存器。当然，若一个寄存器不够用，控制寄存器与状态寄存器可能有多个。而 UART 数据寄存器存放要发送的数据，也存放接收的数据，两者并不冲突，因为发送与接收的实际工作是通过“发送移位寄存器”和“接收移位寄存器”完成的。编程时，程序员并不直

笔 记

接与“发送移位寄存器”和“接收移位寄存器”打交道，只与数据寄存器打交道，所以 MCU 中并没有设置“发送移位寄存器”和“接收移位寄存器”的映像地址。发送时，程序员通过判定状态寄存器的相应位，了解是否可以发送一个新的数据。若可以发送，则将待发送的数据放入“UART 发送数据寄存器”中就可以了，剩下的工作由 MCU 自动完成：MCU 将数据从“UART 发送数据寄存器”送到“发送移位寄存器”，硬件驱动将“发送移位寄存器”的数据一位一位地按照规定的波特率移到发送引脚 TXD，供对方接收。接收时，数据一位一位地从接收引脚 RXD 进入“接收移位寄存器”，当收到一个完整字节时，MCU 会自动将数据送入“UART 接收数据寄存器”，并将状态寄存器的相应位改变，供程序员判定并取出数据。

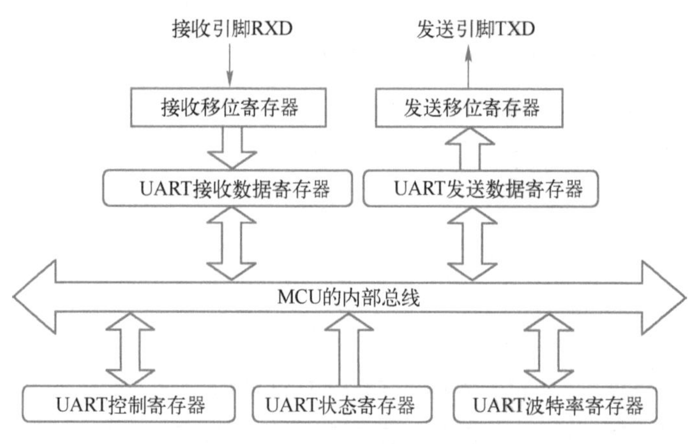

图 3-3 UART 编程模型

UART 具有初始化、发送和接收 3 种基本操作。其中，UART 发送是主动任务，发送方主动控制着数据发送的操作，因此 UART 发送不必采用中断方式；而 UART 接收是被动任务，并具有一定的随机性，对方可能随时发送数据过来，因此为了确保及时接收到对方发送来的每帧数据，UART 接收一般采用中断方式。下面介绍有关中断的通用知识。

任务 3.2 熟知中断的通用知识

任务 3.2 熟知中断的通用知识

3.2.1 中断的基本概念

1. 中断与异常的基本含义

异常（exception）是 CPU 强行从正常的程序运行切换到由某些内部或外部

笔 记

条件所要求的处理任务上去，这些任务的紧急程度优先于 CPU 正在运行的任务。引起异常的外部条件通常来自外部设备、硬件断点请求、访问错误和复位等；引起异常的内部条件通常为指令不对、界错误、违反特权级和跟踪等。一些文献把硬件复位和硬件中断都归类为异常，把硬件复位看作是一种具有最高优先级的异常，而把来自 CPU 外部设备的强行任务切换请求称为中断（interrupt），软件上表现为将程序计数器（Program Counter，PC）指针强制转到中断服务程序入口地址运行。

CPU 在指令流水线的译码或者运行阶段识别异常。若检测到一个异常，则强行中止后面尚未达到该阶段的指令。对于在指令译码阶段检测到的异常，以及对于与运行阶段有关的指令异常来说，由于引起的异常与该指令本身无关，指令并没有得到正确运行，因此为该类异常保存的程序计数器的值指向引起该异常的指令，以便异常返回后重新运行。对于中断和跟踪异常（异常与指令本身有关），CPU 在运行完当前指令后才识别和检测这类异常，故为该类异常保存的 PC 值是指向要运行的下一条指令。

CPU 对复位、中断、异常具有同样的处理过程，本书随后在谈及这个处理过程时统称为中断。

2．中断源、中断向量表、中断向量号与 IRQ 中断号

可以引起 CPU 中断的外部器件称为中断源，一个 MCU 具有哪些中断源是在芯片设计阶段确定的。STM32L4 的中断源分为两类，一类是内核中断，另一类是非内核中断，如表 3-1 所示，供中断编程时备查。内核中断主要是异常中断，即当出现错误的时候，这些中断会复位芯片或做出其他处理。非内核中断是指 MCU 各个模块引起的中断，MCU 执行完中断服务程序后，又回到刚才正在执行的程序，从停止的位置继续执行后续的指令。非内核中断又称可屏蔽中断，这类中断可以通过编程控制开启或关闭该类中断。表中中断向量号是从 0 开始编号的，包含内核中断和非内核中断，与中断向量表一一对应。IRQ 号是非内核中断从 0 开始的编号，因此对内核中断来说是负值，编程时直接使用统一的按照中断向量号排序的中断向量表即可。

表 3-1　STM32L4 中断向量表

中断类型	IRQ 号	中断向量号	优先级	中断源	引用名
内核中断		0		_estack	
		1	-3	重启	Reset
	-14	2	-2	NMI	NMI Interrupt
	-13	3	-1	硬性故障	HardFault Interrupt
	-12	4	0	内存管理故障	MemManage Interrupt
	-11	5	1	总线故障	Bus Fault Interrupt

笔 记

（续）

中断类型	IRQ 号	中断向量号	优先级	中断源	引用名
内核中断	-10	6	2	用法错误	Usage Fault Interrupt
		7～10		保留	
	-5	11	3	SVCall	SV Call Interrupt
	-4	12	4	调试	Debug Interrupt
		13		保留	
	-2	14	5	PendSV	Pend SV Interrupt
	-1	15	6	Systick	SysTick Interrupt
非内核中断	0	16	7	看门狗	WWDG
	1	17	8	PVD_PVM	CS Interrupt
	2	18	9	RTC_TAMP_STAM	RTC_TAMP_STAM Interrupt
	3	19	10	RTC_WKUP	RTC_WKUP Interrupt
	4	20	11	Flash	Flash Interrupt
	5	21	12	RCC	RCC Interrupt
	6～10	22～26	13～17	EXTI	EXTIn Interrupt（n 为 1～5）
	11～17	27～33	18～24	DMA1	DMA1 channel n Interrupt
	18	34	25	ADC	ADC Interrupt
	19～22	35～38	26～29	CAN	CANn Interrupt
	23	39	30	EXTI9_5	EXTI9_5 Interrupt
	24～27	40～43	31～34	TIM1	TIM1 Interrupt
	28	44	35	TIM2	TIM2 Interrupt
	29～30	45～46		保留	
	31～34	47～50	38～41	I2C	I2C Interrupt
	35～36	51～52	42～43	SPI	SPI Interrupt
	37～39	53～55	44～46	USART	USARTn Interrupt（n 为 1～3）
	40	56	47	EXTI15_10	EXTI15_10 Interrupt
	41	57	48	RTC_ALArm	RTC_ALArm Interrupt
		58～64		保留	
	49	65	56	SDMMC1	SDMMC1 Interrupt
		66		保留	
	51	67	58	SPI3	SPI3 Interrupt
		68～69		保留	
	54	70	61	TIM6	TIM6 Interrupt
	55	71	62	TIM7	TIM7 Interrupt
	56～60	72～76	63～67	DMA2	DMA2 channel n Interrupt
		77～79		保留	
	64	80	71	COMP	COMP Interrupt
	65～66	81～82	72～73	LPTIM	LPTIM Interrupt

笔 记

（续）

中断类型	IRQ 号	中断向量号	优先级	中断源	引用名
非内核中断		83		保留	
	68	84	75	DMA2_CH6	DMA2 channel 6 Interrupt
	69	85	76	DMA2_CH7	DMA2 channel 7 Interrupt
	70	86	77	LPUART	LPUART Interrupt
	71	87	78	QUADSPI	QUADSPI Interrupt
	72	88	79	I2C3_EV	I2C3_EV Interrupt
	73	89	80	I2C3_ER	I2C3_ER Interrupt
	74	90	81	SAI	SAI Interrupt
		91		保留	
	76	92	83	SWPMI1_IRQn	SWPMI1 Interrupt
	77	93	84	TSC_IRQn	TSC Interrupt
		94～95		保留	
	80	96	87	RNG_IRQn	RNG Interrupt
	81	97	88	FPU_IRQn	Floating Interrupt
	82	98	89	CRS_IRQn	CRS Interrupt

一个 CPU 通常可以识别多个中断源，每个中断源产生中断后，分别要运行相应的中断服务程序 ISR，这些 ISR 的起始地址（叫作中断向量地址）放在一段连续的存储区域内，这个存储区称之为中断向量表。实际上，中断向量表是一个指针数组，内容是中断服务程序 ISR 的首地址。

中断向量表一般位于芯片工程的启动文件中，以下给出 STM32L431 的启动文件“startup_stm32l431rctxp.s”中的中断向量表的头部。

```
g_pfnVectors:
    .word       _estack
    .word       Reset_Handler
    .word       NMI_Handler
    .word       HardFault_Handler
    …
```

其中，除第一项外的每一项都代表着各个中断服务程序 ISR 的首地址，第一项代表着栈顶地址，一般是程序可用 RAM 空间的最大值。此外，对于未实例化的中断服务程序，由于在程序中不存在具体的函数实现，也就不存在相应的函数地址。因此，一般在启动文件内，会采用弱定义的方式，将默认未实例化的中断服务程序 ISR 的起始地址指向一个缺省中断服务程序 ISR 的首地址，这样就保证了所有的中断响应都有一个去处。

笔 记

```
.weak       NMI_Handler
  .thumb_set NMI_Handler,Default_Handler
.weak       HardFault_Handler
  .thumb_set HardFault_Handler,Default_Handler
...
```

其中，这个默认的处理程序一般是一个无限循环语句或是一个直接返回的语句，STM32L431 采用的方式是无限循环。

CPU 能够识别的每个中断源编个号，就叫中断向量号。通常情况下，在程序书写时，中断向量表按中断向量号从小到大的顺序填写中断服务程序 ISR 的首地址，不能遗漏。即使某个中断不需要使用，也要在中断向量表对应的项中填入默认的中断服务程序 ISR 的首地址，因为中断向量表是连续存储区，与连续的中断向量号相对应。中断向量号一般从 1 开始，它与 IRQ 中断号一一对应。IRQ 中断号将内核中断与非内核中断稍加区分，对于非内核中断，IRQ 中断号从 0 开始递增，而对于内核中断，IRQ 中断号从-1 开始递减。IRQ 中断号的定义一般位于芯片头文件内，以下给出 STM32L431 的芯片头文件“stm32l431xx.h”中的 IRQ 中断号的部分定义。

```
typedef enum
{
//Cortex-M4 Processor Exceptions Numbers
  NonMaskableInt_IRQn        = -14,     //!< 2 Cortex-M4 Non Maskable Interrupt
  HardFault_IRQn             = -13,     //!< 3 Cortex-M4 Hard Fault Interrupt
  MemoryManagement_IRQn = -12,     //!< 4 Cortex-M4 Memory Management Interrupt
  BusFault_IRQn              = -11,     //!< 5 Cortex-M4 Bus Fault Interrupt
  UsageFault_IRQn            = -10,     //!< 6 Cortex-M4 Usage Fault Interrupt
……
} IRQn_Type;
```

表 3-1 中给出了 STM32L431 详细的中断源、中断向量号、IRQ 中断号和引用名等信息，这里不再列出。

3. 中断服务程序 ISR

中断提供了一种机制，来打断当前正在运行的程序，并且保存当前 CPU 状态（CPU 内部寄存器），转而去运行一个中断服务程序，然后恢复 CPU 到运行中断之前的状态，同时使中断前的程序得以继续运行。当中断时，会打断当前正在运行的程序，转去运行的一个中断服务程序，通常被称为中断服务程序（Interrupt Service Routine，ISR）。

笔 记

4. 中断优先级、可屏蔽中断和不可屏蔽中断

在进行 CPU 设计时，一般会定义中断源的优先级。若 CPU 在程序运行过程中，有两个以上中断同时发生，则优先级高的中断得到优先响应。

根据中断是否可以通过程序设置的方式被屏蔽，可将中断划分为可屏蔽中断和不可屏蔽中断两种。可屏蔽中断是指可以通过程序设置的方式来决定不响应该中断，即该中断被屏蔽了。不可屏蔽中断是指不能通过程序方式关闭的中断。

3.2.2 中断的基本过程

中断处理的基本过程分为中断请求、中断检测、中断响应与中断处理等过程。

1. 中断请求

当某一中断源需要 CPU 为其服务时，它会向 CPU 发出中断请求信号（一种电信号）。中断控制器获取中断源硬件设备的中断向量号[①]，并通过识别的中断向量号将对应硬件中断源模块的中断状态寄存器中的“中断请求位”置位，以便 CPU 知道是哪种中断请求。

2. 中断检测（采样）

CPU 在每条指令结束时，会检查中断请求或者系统是否满足异常条件。为此，多数 CPU 专门在指令周期中使用了中断周期。在中断周期中，CPU 将会检测系统中是否有中断请求信号，若此时有中断请求信号，则 CPU 将会暂停当前运行的任务，转而去对中断事件进行响应，若系统中没有中断请求信号则继续运行当前任务。

3. 中断响应与中断处理

中断响应的过程是由系统自动完成的，对于用户来说是透明的操作。在中断的响应过程中，首先 CPU 会查找中断源所对应的模块中断是否被允许，若被允许，则响应该中断请求。中断响应的过程要求 CPU 保存当前环境的“上下文（context）”于堆栈中。通过中断向量号找到中断向量表中对应的中断服务程序 ISR，转而去运行该中断服务程序 ISR。在中断处理术语中，简单地理解，“上下文”即指 CPU 内部寄存器，其含义是在中断发生后，由于 CPU 在中断服务程序中也会使用 CPU 内部寄存器，因此需要在调用 ISR 之前，将 CPU 内部寄存器保存至指定的 RAM 地址（栈）中，在中断结束后再将该 RAM 地址中的数据恢复

① 设备与中断向量号可以不是一一对应的，如果一个设备可以产生多种不同中断，则允许有多个中断向量号。

到 CPU 内部寄存器中，从而使中断前后程序的“运行现场”没有任何变化。

3.2.3 ARM Cortex-M4 的非内核模块中断编程结构

ARM Cortex-M4 把中断分为内核中断与非内核中断，表 3-1 给出了 STM32L431 的中断源，中断向量号是把内核中断与非内核模块中断统一编号（0～98），而非内核中断请求号（Interrupt Request），简称 IRQ 号，编号为 0～82，对应于中断向量号 16～98。

1. M4 中断结构及中断过程

M4 中断系统的结构框图，如图 3-4 所示，它由 M4 内核、嵌套中断向量控制器（Nested Vectored Interrupt Controller，NVIC）及模块中断源组成。其中中断过程分为两步。

1）模块中断源向嵌套中断向量控制器（NVIC）发出中断请求信号。

2）NVIC 对发来的中断信号进行管理，判断该模块中断是否被使能，若使能，则通过私有外设总线（Private Peripheral Bus，PPB）发送给 M4 内核，由内核进行中断处理。如果同时有多个中断信号到来，则 NVIC 根据设定好的中断优先级进行判断，优先级高的中断首先被响应，优先级低的中断暂时被挂起，压入堆栈保存；如果优先级完全相同的多个中断源同时请求，则先响应 IRQ 号较小的，其他的被挂起。例如，当 IRQ4[①]的优先级与 IRQ5 的优先级相等时，IRQ4 会比 IRQ5 先得到响应。

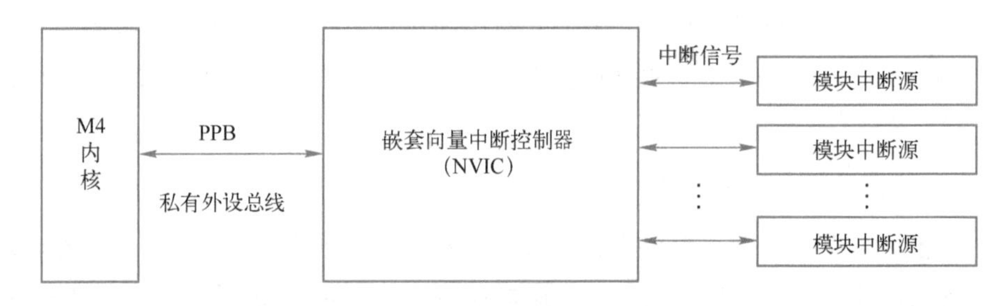

图 3-4　M4 中断结构框图

2. 非内核中断初始化设置步骤

根据本节给出的 ARM Cortex-M4 非内核模块中断编程结构，想让一个非内核中断源能够得到内核响应（或禁止），基本步骤如下。

1）设置模块中断使能位使能模块中断，使模块能够发送中断请求信号。例如 UART 模式下，在 USART_ISR 中，将中断使能位置 1。

① IRQ 中断号为 n，简记为 IQRn。

2）查找芯片中断源表（如表 3-1）找到对应 IRQ 号，设置嵌套中断向量控制器的中断使能寄存器（NVIC_ISER），使该中断源对应位置 1，允许该中断请求。反之，若要禁止该中断，则设置嵌套中断向量控制器的中断禁止寄存器（NVIC_ICER），使该中断源对应位置 1 即可。

3）若要设置其优先级，可对优先级寄存器编程。

本书电子教学资源中的例程，已经在各外设模块底层驱动构件中封装了模块中断使能与禁止的函数，可直接使用。这里阐述的目的是使读者理解其中的编程原理。读者只要选择一个含有中断的构件，理解其使能中断与禁止中断函数即可。

任务3.3 UART 底层驱动构件的使用

任务 3.3 UART 底层驱动构件的使用

笔记

3.3.1 STM32L431 的 UART 模块

STM32L431 共有 3 组 UART 引脚，分别标记为 UART1、UART2 和 UART3。每组 UART 的发送数据引脚记为 UARTx_TX，接收数据引脚记为 UARTx_RX。“x”表示串口模块编号，取值为 1～3。为了应用系统的硬件布线方便，串口可能不固定在特定引脚上，如表 3-2 所示。表中还给出了本书所述的 AHL-STM32L431 嵌入式开发套件所使用的串口引脚。

表 3-2 UART 引脚分布

串行口	MCU 引脚号	MCU 引脚名	串口号	AHL-STM32L431 默认使用
UART1	58	PTB6	UART1_TX	
	59	PTB7	UART1_RX	
	42	PTA9	UART1_TX	编程默认使用（保留连接无线通信芯片使用）
	43	PTA10	UART1_RX	
UART2	16	PTA2	UART2_TX	编程默认使用（UART_User）
	17	PTA3	UART2_RX	
UART3	29	PTB10	UART3_TX	
	30	PTB11	UART3_RX	
	51	PTC10	UART3_TX	编程默认使用（UART_Debug，BIOS 保留使用）
	52	PTC11	UART3_RX	

这里以 UART1 为例说明为什么一个串口有两组或两组以上引脚问题。从表 3-2 中看出，UART1 有两组引脚，分别是（58、59）和（42、43），可以从芯片的引脚布局图（图 2-3）看出，这两组属于封装的不同位置，实际使用时，用

笔 记

哪一组，取决于哪边引出方便，以减少布线长度，提高稳定性，这属于芯片设计细节的考量。

3.3.2 UART 底层驱动构件文件的组成及使用方法

UART 底层驱动构件由 uart.h 头文件和 uart.c 源文件组成，若要使用 UART 底层驱动构件，只需将这两个文件添加到所建工程的 03_MCU \MCU_drivers 文件夹中，即可实现对 UART 的操作。其中，uart.h 头文件主要包括相关头文件的包含、一些必要的宏定义、API 接口函数的声明；而 uart.c 源文件则是应用程序接口函数的具体实现，其内容可参阅..03_MCU\MCU_drivers\uart.c 文件，需要结合 STM32L431 参考手册中的 UART 模块信息和芯片头文件 STM32L431xx.h 进行分析，对初学者可不作要求。应用开发者只要熟悉 uart.h 头文件的内容，即可使用 UART 底层驱动构件进行编程。

下面，给出 UART 底层驱动构件头文件 uart.h 的内容。

```
//===========================================================================
//文件名称：uart.h
//功能概要：UART 底层驱动构件头文件
//版权所有：SD-EAI&IoT Lab.(sumcu.suda.edu.cn)
//更新记录：20190520 V1.0 GXY,20210103,WYH
//适用芯片：STM32L433xx //==================================================
#ifndef _UART_H           //防止重复定义（开头）
#define _UART_H
#include "mcu.h"          //包含 MCU 头文件
#include "string.h"
//宏定义串口号
#define UART_1      1
#define UART_2      2
#define UART_3      3
//配置 UARTx 使用的引脚组(TX,RX)0
//UART_1 的引脚组配置：0:PTA9～10, 1:PTB6～7
#define UART1_GROUP     0
//UART_2 的引脚组配置：0:PTA2～3
#define UART2_GROUP     0
//UART_3 的引脚组配置：0:PTB10～11,1:PTC10～11
#define UART3_GROUP     1
//=========================函数注释区=====================================
//===========================================================================
```

笔 记

```
//函数名称：uart_init
//功能概要：初始化 uart 模块
//参数说明：uartNo:串口号：UART_1、UART_2、UART_3
//          baud:波特率：2400、4800、9600、19200、115200...
//函数返回：无
//==========================================================================
void uart_init(uint8_t uartNo, uint32_t baud_rate);

//==========================================================================
//函数名称：uart_send1
//参数说明：uartNo: 串口号:UART_1、UART_2、UART_3
//          ch:要发送的字节
//函数返回：函数执行状态：1=发送成功；0=发送失败。
//功能概要：串行发送 1 字节
//==========================================================================
uint8_t uart_send1(uint8_t uartNo, uint8_t ch);

//==========================================================================
//函数名称：uart_sendN
//参数说明：uartNo: 串口号:UART_1、UART_2、UART_3
//         buff: 发送缓冲区
//         len:发送长度
//函数返回：  函数执行状态：1=发送成功；0=发送失败
//功能概要：串行  发送 n 字节
//==========================================================================
uint8_t uart_sendN(uint8_t uartNo ,uint16_t len ,uint8_t* buff);

//==========================================================================
//函数名称：uart_send_string
//参数说明：uartNo:UART 模块号:UART_1、UART_2、UART_3
//          buff:要发送的字符串的首地址
//函数返回：函数执行状态：1=发送成功；0=发送失败
//功能概要：从指定 UART 端口发送一个以'\0'结束的字符串
//==========================================================================
uint8_t uart_send_string(uint8_t uartNo, uint8_t *buff);

//==========================================================================
//函数名称：uart_re1
```

笔 记

```
//参数说明：uartNo: 串口号:UART_1、UART_2、UART_3
//          *fp:接收成功标志的指针:*fp=1:接收成功；*fp=0:接收失败
//函数返回：接收返回字节
//功能概要：串行接收 1 字节
//==========================================================================
uint8_t uart_re1(uint8_t uartNo,uint8_t *fp);

//==========================================================================
//函数名称：uart_reN
//参数说明：uartNo: 串口号:UART_1、UART_2、UART_3
//          buff: 接收缓冲区
//          len:接收长度
//函数返回：函数执行状态 1=接收成功;0=接收失败
//功能概要：串行接收 n 字节，放入 buff 中
//==========================================================================
uint8_t uart_reN(uint8_t uartNo ,uint16_t len ,uint8_t *buff);

//==========================================================================
//函数名称：uart_enable_re_int
//参数说明：uartNo: 串口号:UART_1、UART_2、UART_3
//函数返回：无
//功能概要：开串口接收中断
//==========================================================================
void uart_enable_re_int(uint8_t uartNo);

//==========================================================================
//函数名称：uart_disable_re_int
//参数说明：uartNo: 串口号 :UART_1、UART_2、UART_3
//函数返回：无
//功能概要：关串口接收中断
//==========================================================================
void uart_disable_re_int(uint8_t uartNo);

//==========================================================================
//函数名称：uart_get_re_int
//参数说明：uartNo: 串口号 :UART_1、UART_2、UART_3
//函数返回：接收中断标志 1=有接收中断;0=无接收中断
//功能概要：获取串口接收中断标志,同时禁用发送中断
```

笔 记

```
//======================================================================
uint8_t uart_get_re_int(uint8_t uartNo);

//======================================================================
//函数名称：uart_deinit
//参数说明：uartNo: 串口号 :UART_1、UART_2、UART_3
//函数返回：无
//功能概要：uart 反初始化
//======================================================================
void uart_deinit(uint8_t uartNo);
//=========================函数注释区结束================================

#endif       //防止重复定义（结尾）
```

任务 3.4　PC 与 MCU 的串口通信与调试

3.4.1　UART 通信的应用层程序设计

在表 2-9 所示的框架下，设计 07_NosPrg 中的文件，以实现计算机与 MCU 之间的串口通信功能。

1．主程序源文件 main.c

```
//======================================================================
//文件名称：main.c（应用工程主函数）
//框架提供：SD-Arm（sumcu.suda.edu.cn）
//版本更新：20191108-20201106
//功能描述：见本工程的..\01_Doc\Readme.txt
//移植规则：【固定】
//======================================================================
#define   GLOBLE_VAR       //宏定义全局变量
#include  "includes.h"     //包含总头文件
//----------------------------------------------------------------------
//声明使用到的内部函数
//main.c 使用的内部函数声明处
```

笔 记

```
//----------------------------------------------------------------
//主函数，一般情况下可以认为程序从此开始运行
int main(void)
{
    //（1）======启动部分
    //（1.1）声明 main 函数使用的局部变量
    uint32_t mMainLoopCount;                //主循环次数变量
    uint32_t mLightCount;                   //灯亮暗次数变量
    uint8_t  i;                             //临时变量
    uint8_t  str1[ ]="UART is OK!\r\n";     //待发送的字符串
    uint8_t  str2[ ]="1234567890\r\n";      //待发送的字符串
    //（1.2）【不变】关总中断
    DISABLE_INTERRUPTS;
    //（1.3）给主函数使用的局部变量赋初值
    mMainLoopCount=0;                       //主循环次数变量
    mLightCount=0;                          //灯亮暗次数变量
    //（1.4）给全局变量赋初值

    //（1.5）用户外设模块初始化
    gpio_init(LIGHT_BLUE,GPIO_OUTPUT,LIGHT_ON);    //初始化蓝灯
    uart_init(UART_User,115200)①;                   //初始化串口模块
    //（1.6）使能模块中断
    uart_enable_re_int(UART_User);   //使能 UART_USER 模块接收中断功能
    /（1.7）【不变】开总中断
    ENABLE_INTERRUPTS;
    //（2）======主循环部分
    for(;;)
    {
        //（2.1）主循环次数变量+1
        mMainLoopCount++;
        //（2.2）未达到主循环次数设定值，继续循环
        if (mMainLoopCount<=35000000)   continue;
        //（2.3）达到主循环次数设定值，执行下列语句
        //（2.3.1）变量处理
        mMainLoopCount=0;       //循环次数变量
        mLightCount++;          //灯亮暗次数变量
        //（2.3.2）蓝灯取反
```

① 在本工程的 05_UserBoard\user.h 中有宏定义：#define UART_User UART_2

笔记

```
            gpio_reverse(LIGHT_BLUE);
            //（2.3.3）通过调试串口提示
            printf("金葫芦友情提示：\r\n");
            printf("蓝灯亮暗次数=%d,  关闭本窗体\r\n",mLightCount);
            printf("“工具”→“串口工具”，打开接收User串口数据观察\r\n");
            //（2.3.4）发送按字符串
            for (i=0; i<13; i++)
            {
                uart_send1(UART_User, str1[i]);
            }
            uart_send_string(UART_User, str2);
        }
}
```

2．中断服务程序源文件 isr.c

```
//======================================================================
//文件名称：isr.c（中断处理程序源文件）
//框架提供：SD-ARM（sumcu.suda.edu.cn）
//版本更新：20170801-20191020
//功能描述：提供中断处理程序编程框架
//移植规则：【固定】
//======================================================================
#include "includes.h"
//======================================================================
//函数名称：UART_User_Handler①
//触发条件：UART_User串口收到一个字节触发
//======================================================================
void UART_User_Handler(void)
{
    DISABLE_INTERRUPTS;          //关总中断
   //-------中断处理程序“临界区”（开始）②
    uint8_t ch;
```

① 在“..\03_MCU\startup\ startup_STM32L431tx.s”文件的中断向量表中，UART2 接收中断服务程序的函数名是 USART2_IRQHandler。同时在“..\05_UserBoard\User.h”文件中，对其宏定义，增强程序的可移植性：#define UART_User_Handler USART2_IRQHandler

② 有些情况下，一些程序段是需要连续执行而不能被中断的，此时，程序对 CPU 资源的使用是独占的，此时称为“临界状态”，不能被中断的过程称为对“临界区”的访问。为防止在执行关键操作时被外部事件中断，一般通过关中断的方式使程序访问临界区，屏蔽外部事件的影响。执行完关键操作后退出临界区，打开中断，恢复对中断的响应能力。

笔 记

```
        uint8_t flag;
        //接收一个字节的数据
        ch=uart_re1(UART_User,&flag);     //调用接收一个字符的函数，清接收中断位
        if(flag)                          //有数据
        {
            uart_send1(UART_User,ch);     //回发接收到的字符
        }
       //-------中断处理程序"临界区"（结束）
        ENABLE_INTERRUPTS;                //开总中断
    }
```

请按照 1.1.2 节介绍的步骤，将“.. \04-Software\XM03\UART-STM32L431”工程导入集成开发环境 AHL-GEC-IDE，然后依次编译工程、连接 GEC，最后将工程目录下 Debug 文件夹中的.hex 文件下载至 MCU 中，单击“一键自动更新”按钮，等待程序自动更新完成。当更新完成之后，程序将自动运行。同时观察小灯的闪烁效果和计算机显示器界面显示情况。

在 AHL-GEC-IDE 的“工具”→“串口工具”菜单下，弹出串口测试工程界面，选择好串口，设置波特率为 115200，单击“打开串口”按钮，选择发送方式为“字符串”，在文本框内输入字符内容“A”，单击“发送数据”按钮，则上位机将该字符串发送给 MCU，MCU 接收数据后回发给上位机。

3.4.2 使用 printf 函数输出数据

除了使用 UART 驱动构件中封装的 API 函数之外，还可以使用格式化输出函数 printf 灵活地从串口输出调试信息，配合 PC 或笔记本计算机上的串口调试工具，可方便地进行嵌入式程序的调试。上一小节的例程中，就使用了 printf 函数，这里说明一下。

printf 函数的实现在工程目录“..\ 05_UserBoard\printf.c”文件中，同文件夹下的 printf.h 头文件则包含了 printf 函数的声明，在同文件下的 user.h 头文件中包含 printf.h 头文件，若要使用 printf 函数，可在工程的总头文件“..\ 06_NosPrg\includes.h”中将 user.h 包含进来，以便其他文件使用。

在使用 printf 函数之前，需要先进行相应的设置来将其与希望使用的串口模块关联起来，设置步骤如下。

1）在 printf 头文件“..\ 05_SoftComponent\printf\printf.h”中宏定义需要与 printf 函数相关联的调试串口号，例如：

```
#define UART_printf   UART_3      //printf 函数使用的串口号
```

笔 记

2）在使用 printf 函数前，调用 UART 驱动构件中的初始化函数对使用的调试串口进行初始化，配置其波特率。例如：

```
uart_init (UART_printf , 115200);          //初始化"调试串口"
```

这样就将相应的串口模块与 printf 函数关联起来了。由于 BIOS 已经对其初始化，因此 User 中可以不再重新初始化。关于 printf 函数的使用方法，参见 printf.h 文件的尾部。

【拓展任务】

1．利用计算机的 USB 口与 MCU 之间进行串行通信，为什么要进行电平转换？AHL-STM32L431 开发板中是如何进行这种电平转换的？

2．请修改 3.4.1 节所给出的文件 isr.c 中的 UART2 接收中断服务程序，以实现：当通过计算机串口调试窗口向 MCU 发送不同的字符时，可改变不同小灯的状态。例如，向 MCU 发送字符'1'时，将改变蓝灯的状态。

项目 4 利用定时中断实现频闪灯和电子时钟

项目导读：

在项目 2 中实现的小灯闪烁程序中采用了完全软件延时方式，即利用循环计数程序实现软件延时功能，该方式有两大缺点：①设计者需要对循环计数程序代码的执行时间进行精确计算和测试，通过修改循环变量，拼凑出要求的延时时间，因此软件延时一般用于粗略延时的场合；②执行软件延时程序期间，CPU 一直被占用而不能做其他事情，从而降低了 CPU 的利用率。

为此，可使用 MCU 内部可编程定时/计数器实现延时。根据需要的定时时间，用指令对定时器进行初始常数设定，并用指令启动定时器开始计数，当计数到指定值时，便自动产生一个定时输出，通常由中断信号告知 CPU，在定时中断处理程序中，对时间进行基本运算。在这种方式中，定时器开始工作以后，CPU 可不必去管它，可以运行其他程序，计时工作并不占用 CPU 的工作时间。该方式通过简单的程序设置即可实现准确的定时。在实时操作系统中，采用定时器产生中断信号，建立多任务程序运行环境，可大大提高 CPU 的利用率。

在本项目中，主要学习利用 STM32L431 的 Timer 中断和内核定时器 SysTick 中断功能实现频闪灯和电子时钟的应用层程序设计方法。

任务 4.1　利用 Timer 中断实现频闪灯和电子时钟

任务 4.1 利用 Timer 中断实现频闪灯和电子时钟

STM32L431 微控制器的 Timer 模块内含 6 个独立定时器，分别称为 TIM1、TIM2、TIM6、TIM7、TIM15、TIM16，各定时器之间相互独立，不共享任何资源。除 TIM2 为 32 位定时器外，其他均为 16 位定时器。这些定时器的时钟源可以通过编程使用外部晶振，也可以使用内部时钟源。TIM6、TIM7 只用于基本计时，TIM1、TIM2、TIM15、TIM16 还具有 PWM、输入捕捉、输出比较功能，当用于这些功能时，不能用于基本定时，在此只介绍 Timer 模块的基本定时功能，Timer 模块的 PWM 功能和输入捕捉、输出比较功能将分别在项目 5 和项目 6 中介绍。

笔 记

4.1.1　Timer 基本定时底层驱动构件文件的组成及使用方法

Timer 基本定时底层驱动构件由 timer.h 头文件和 timer.c 源文件组成，若要使用 Timer 基本定时底层驱动构件，只需将这两个文件添加到所建工程的 03_MCU \MCU_drivers 文件夹中，即可实现对 Timer 定时器的操作。其中，timer.h 头文件主要包括相关头文件的包含、一些必要的宏定义、API 接口函数的声明；而 timer.c 源文件则是应用程序接口函数的具体实现，其内容可参阅..03_MCU\MCU_drivers\timer.c 文件，需要结合 STM32L431 参考手册中的 Timer 模块信息和芯片头文件 STM32L431xx.h 进行分析，对初学者可不作要求。应用开发者只要熟悉 timer.h 头文件的内容，即可使用 Timer 基本定时底层驱动构件进行编程。

下面，给出 Timer 基本定时底层驱动构件头文件 timer.h 的内容。

```
//======================================================================
//文件名称：timer.h
//功能概要：timer 基本定时构件头文件
//制作单位：SD-EAI&IoT Lab(sumcu.suda.edu.cn)
//版　　本：2019-12-20, V1.0，2021-01-26, V3.0
//适用芯片：STM32L431
//======================================================================
#ifndef TIMER_H
#define TIMER_H
#include "string.h"
#include "mcu.h"
#define TIMER1     1
#define TIMER2     2
#define TIMER15    15
#define TIMER16    16
#define TIMER6     6
#define TIMER7     7
//======================================================================
//函数名称：timer_init
//函数返回：无
//参数说明：timer_No：时钟模块号（使用宏定义 TIMER1、TIMER2、…）
//          time_ms：定时器中断的时间间隔，单位为 ms；
//                   合理范围：TIM1、TIM15、TIM16、TIM6、TIM7：1～2^16ms，
```

笔 记

```
//                                      TIM2：1～2^32ms
//功能概要：定时器初始化，设定中断时间间隔
//==========================================================================
void timer_init(uint8_t timer_No, uint32_t time_ms);

//==========================================================================
//函数名称：timer_enable_int
//函数返回：无
//参数说明：timer_No:时钟模块号（使用宏定义 TIMER1、TIMER2、…）
//功能概要：定时器中断使能
//==========================================================================
void timer_enable_int(uint8_t timer_No);

//==========================================================================
//函数名称：timer_disable_int
//函数返回：无
//参数说明：timer_No:时钟模块号（使用宏定义 TIMER1、TIMER2、…）
//功能概要：定时器中断禁止
//==========================================================================
void timer_disable_int(uint8_t timer_No);

//==========================================================================
//函数名称：timer_get_int
//参数说明：timer_No:时钟模块号（使用宏定义 TIMER1、TIMER2、…）
//功能概要：获取定时器中断标志
//函数返回：中断标志 1=对应定时器中断产生；0=对应定时器中断未产生
//==========================================================================
uint8_t timer_get_int(uint8_t timer_No);

//==========================================================================
//函数名称：timer_clear_int
//函数返回：无
//参数说明：timer_No:时钟模块号（使用宏定义 TIMER1、TIMER2、…）
//功能概要：清除定时器中断标志
//==========================================================================
void timer_clear_int(uint8_t timer_No);

#endif
```

4.1.2　利用 Timer 中断实现频闪灯和电子时钟的应用层程序设计

笔 记

在表 2-9 所示的框架下，设计 07_NosPrg 中的文件，利用 TIM7 定时中断实现频闪灯和电子时钟的功能。

1. 主程序源文件 main.c

```
//======================================================================
//文件名称：main.c（应用工程主函数）
//框架提供：SD-Arm（sumcu.suda.edu.cn）
//版本更新：20200501
//功能描述：见本工程的<01_Doc>文件夹下 Readme.txt 文件
//======================================================================
#define  GLOBLE_VAR     //宏定义全局变量①
#include "includes.h"       //包含总头文件
//----------------------------------------------------------------------
//声明使用到的内部函数
//main.c 使用的内部函数声明处


//----------------------------------------------------------------------
//主函数，一般情况下可以认为程序从此开始运行
int main(void)
{
    //（1）======启动部分
    //（1.1）声明 main 函数使用的局部变量
    uint8_t  mFlag;              //主循环使用的临时变量
    uint8_t  mSec;               //记当前秒的值
    //（1.2）【不变】关总中断
    DISABLE_INTERRUPTS;
    //（1.3）给主函数使用的局部变量赋初值
    mFlag='A';    //主循环使用的临时变量：蓝灯状态标志（A 代表灯亮、L 代表灯暗）
    //（1.4）给全局变量赋初值
    //"时分秒"缓存初始化(00:00:00)
    gTime[0] = 0;          //时
    gTime[1] = 0;          //分
    gTime[2] = 0;          //秒
    mSec = gTime[2];       //记住当前秒的值
```

① 在本工程的 07_NosPrg\includes.h 中声明。在嵌入式软件设计中，用全局变量可实现主程序和中断服务程序之间的通信。

笔 记

```
//（1.5）用户外设模块初始化
gpio_init(LIGHT_BLUE,GPIO_OUTPUT,LIGHT_OFF);      //初始化蓝灯
timer_init(TIMER_USER,20)①;    //设置 TIMER_USER 为 20ms 中断
//（1.6）使能模块中断
timer_enable_int(TIMER_USER);
//（1.7）【不变】开总中断
ENABLE_INTERRUPTS;

printf("--------------------------------------------------\n");
printf("金葫芦提示：  \n");
printf(" （1）蓝灯闪烁\n");
printf(" （2）每 20ms 中断触发 Timer 定时器中断处理程序一次。 \n");
printf(" （3）进入 Timer 定时器中断处理程序后，静态变量 20ms 单元+1， \n");
printf(" （4）达到一秒时，调用秒+1，程序，计算“时、分、秒”。 \n");
printf(" （5）使用全局变量字节型数组 gTime[3]，分别存储“时、分、秒”。 \n");
printf(" （6）可通过时间测试程序 C#2019 测试 30 秒的时间间隔来校准 Timer \n");
printf(" （7）注意其中静态变量的使用 \n");
printf("--------------------------------------------------\n");
//（2）======主循环部分
for(;;)      //for(;;)（开头）
{
    if(gTime[2] == mSec)    continue;  //若秒值不变，则下面的代码不执行
    mSec=gTime[2];                     //更新秒的值
    //切换灯状态
    if(mFlag=='A')    //若灯状态标志为'A'
    {
        gpio_set(LIGHT_BLUE,LIGHT_ON);                          //设置灯亮
        printf("LIGHT_BLUE:ON--\n");                            //串口输出灯的状态
        printf("%d:%d:%d\n",gTime[0],gTime[1],gTime[2]);    //串口输出时钟
        mFlag='L';                                              //改变状态标志
    }
    else                         //若灯状态标志不为'A'
    {
        gpio_set(LIGHT_BLUE,LIGHT_OFF);                         //设置灯暗
        printf("LIGHT_BLUE:OFF--\n");                           //串口输出灯的状态
        printf("%d:%d:%d\n",gTime[0],gTime[1],gTime[2]);    //串口输出时钟
```

① 在本工程的 05_UserBoard\user.h 中有宏定义：#define TIMER_USER TIMER7

笔 记

```
            mFlag='A';                                   //改变状态标志
        }
    }       //for(;;)结尾
}
```

2. 中断服务程序源文件 isr.c

```
//======================================================================
//文件名称：isr.c（中断处理程序源文件）
//框架提供：SD-ARM（sumcu.suda.edu.cn）
//版本更新：20170801-20191020
//功能描述：提供中断处理程序编程框架
//======================================================================
#include "includes.h"
//声明使用到的内部函数
//isr.c 使用的内部函数声明处
void SecAdd1(uint8_t *p);
//======================================================================
//函数名称：TIMER_USER_Handler（TPM7 定时器中断处理程序）①
//参数说明：无
//函数返回：无
//功能概要：1）每 20ms 中断触发本程序一次；2）达到一秒时，调用秒+1
//            程序，计算“时、分、秒”
//特别提示：1）使用全局变量字节型数组 gTime[3]，分别存储“时、分、秒”
//          2）注意其中静态变量的使用
//======================================================================
void TIMER_USER_Handler(void)
{
    DISABLE_INTERRUPTS;                     //关总中断
    //------------------------------------------------------------------
    //（在此处增加功能）
    //申请一个静态的计数器值
    static uint8_t TimerCount = 0;
    //获取当前时钟溢出标志位
    if(timer_get_int(TIMER_USER))
    {
        TimerCount++;                       //计数器累加
```

① 在..\05_UserBoard\user.h 中有宏定义：#define TIMER_USER_Handler TIM7_IRQHandler

笔 记

```
            if (TimerCount >= 50)
            {
                TimerCount = 0;                  //时钟计数器清零
                SecAdd1(gTime);                  //时间显示累加
            }
            timer_clear_int(TIMER_USER);         //清时钟溢出标志位
        }
        //----------------------------------------------------------------
        ENABLE_INTERRUPTS;                       //开总中断
    }
    //======================================================================
    //函数名称：SecAdd1
    //函数返回：无
    //参数说明：*p:为指向一个时分秒数组 p[3]
    //功能概要：秒单元+1，并处理时分单元（00:00:00-23:59:59)
    //======================================================================
    void SecAdd1(uint8_t *p)
    {
        *(p+2)+=1;                  //秒+1
        if(*(p+2)>=60)              //秒溢出
        {
            *(p+2)=0;               //清秒
            *(p+1)+=1;              //分+1
            if(*(p+1)>=60)          //分溢出
            {
                *(p+1)=0;           //清分
                *p+=1;              //时+1
                if(*p>=24)          //时溢出
                {
                    *p=0;           //清时
                }
            }
        }
    }
```

请按照 1.1.2 节介绍的步骤，将“.. \04-Software\ XM04\Timer-STM32L431”工程导入集成开发环境 AHL-GEC-IDE，然后依次编译工程、连接 GEC，最后将工程目录下 Debug 文件夹中的“.hex”文件下载至 MCU 中，单击“一键自动更新”按钮，等待程序自动更新完成。当更新完成之后，程序将自动运行。同时观察小灯的闪烁效果和计算机显示器界面显示情况。

笔 记

任务 4.2 利用内核定时器中断实现频闪灯和电子时钟

ARM Cortex-M 内核中包含了一个简单的定时器 SysTick，又称为“滴答”定时器。 这个定时器由于是包含在内核中，凡是使用该内核生产的 MCU 均含有 SysTick，因此使用这个定时器的程序方便在 MCU 间移植。若使用实时操作系统，一般可用该定时器作为操作系统的时间滴答，可简化实时操作系统在以 ARM Cortex-M 为内核的 MCU 间移植工作。

SysTick 定时器被捆绑在嵌套向量中断控制器 NVIC 中，内含一个 24 位向下计数器，采用减 1 计数的方式工作，当减 1 计数到 0，可产生 SysTick 异常（中断），中断号为 15。

4.2.1 SysTick 定时器底层驱动构件文件组成及使用方法

SysTick 定时器底层驱动构件由 systick.h 头文件和 systick.c 源文件组成，若要使用 SysTick 定时器底层驱动构件，只需将这两个文件添加到所建工程的 03_MCU \MCU_drivers 文件夹中，即可实现对 SysTick 的操作。其中，systick.h 头文件主要包括相关头文件的包含、对外接口函数的声明；而 systick.c 源文件是对外接口函数的具体实现，其内容可参阅..03_MCU\MCU_drivers\systick.c 文件，对初学者可不作要求。应用开发者只要熟悉下面给出的 systick.h 头文件的内容，即可使用 SysTick 定时器底层驱动构件进行编程。

```
//======================================================================
//文件名称：systick.h
//功能概要：SysTick 定时器底层驱动构件头文件
//版权所有：苏州大学嵌入式中心(sumcu.suda.edu.cn)
//更新记录：2021-11-08     V1.0
//======================================================================
#ifndef   SYSTICK_H
#define   SYSTICK_H
#include "mcu.h"        //包含 MCU 头文件
//======================================================================
//函数名称：systick_init
//函数返回：无
```

笔 记

```
//参数说明：int_ms:中断的时间间隔。单位 ms  推荐选用 5,10,...
//功能概要：初始化 SysTick 模块，设置中断的时间间隔
//说    明：STML431 的内核时钟频率为 f=48MHz，定时中断的时间间隔为 1～349ms
//======================================================================
void systick_init(uint8_t int_ms);

#endif
```

4.2.2 利用 SysTick 中断实现频闪灯和电子时钟的应用层程序设计

在表 2-9 所示的框架下，设计 07_NosPrg 中的文件，利用 SysTick 中断实现频闪灯和电子时钟的功能。

1. 主程序源文件 main.c

```
//======================================================================
//文件名称：main.c（应用工程主函数）
//框架提供：SD-Arm（sumcu.suda.edu.cn）
//版本更新：20200501
//功能描述：见本工程的<01_Doc>文件夹下 Readme.txt 文件
//======================================================================
#define   GLOBLE_VAR
#include "includes.h"          //包含总头文件
//----------------------------------------------------------------------
//声明使用到的内部函数
//main.c 使用的内部函数声明处


//----------------------------------------------------------------------
//主函数，一般情况下可以认为程序从此开始运行
int main(void)
{
    //（1）======启动部分
    //（1.1）声明 main 函数使用的局部变量
    uint8_t   mFlag;          //主循环使用的临时变量
    uint8_t   mSec;           //记当前秒的值
    //（1.2）【不变】关总中断
    DISABLE_INTERRUPTS;
    //（1.3）给主函数使用的局部变量赋初值
    mFlag='A';    //主循环使用的临时变量：蓝灯状态标志（A 代表灯亮、L 代表灯暗）
```

笔 记

```
//（1.4）给全局变量赋初值
 //"时分秒"缓存初始化(00:00:00)
 gTime[0] = 0;              //时
 gTime[1] = 0;              //分
 gTime[2] = 0;              //秒
 mSec = gTime[2];           //记住当前秒的值
//（1.5）用户外设模块初始化
gpio_init(LIGHT_BLUE,GPIO_OUTPUT,LIGHT_OFF);      //初始化蓝灯
systick_init(10);          //设置 systick 为 10ms 中断
//（1.6）使能模块中断

//（1.7）【不变】开总中断
ENABLE_INTERRUPTS;
//（1.8）向 PC 串口调试窗口输出信息
printf("------------------------------------------------------\n");
printf("金葫芦提示：\n");
printf("  （1）蓝灯闪烁\n");
printf("  （2）每 10ms 中断触发 SysTick 定时器中断处理程序一次。 \n");
printf("  （3）进入 SysTick 定时器中断处理程序后，静态变量 10ms 单元+1，  \n");
printf("  （4）达到一秒时，调用秒+1，程序，计算“时、分、秒”。 \n");
printf("  （5）使用全局变量字节型数组 gTime[3]，分别存储“时、分、秒”。\n");
printf("  （6）可通过时间测试程序 C#2019 测试 30 秒的时间间隔来校准 Systick \n");
printf("  （7）注意其中静态变量的使用 \n");
printf("------------------------------------------------------\n");
//（2）======主循环部分
for(;;)        //for(;;)（开头）
{
        if(gTime[2] == mSec) continue;
        mSec = gTime[2];
       //以下是 1 秒到的处理，灯的状态切换（这样灯每秒闪一次）
       //切换灯状态
       if(mFlag=='A')     //若灯状态标志为'A'
       {
           gpio_set(LIGHT_BLUE,LIGHT_ON);                    //设置灯亮
           printf(" LIGHT_BLUE:ON--\n");                     //串口输出灯的状态
           printf("%d:%d:%d\n",gTime[0],gTime[1],gTime[2]);  //串口输出时钟
           mFlag='L';                                        //改变状态标志
       }
```

笔 记

```
        else                //若灯状态标志不为'A'
        {
            gpio_set(LIGHT_BLUE,LIGHT_OFF);                          //设置灯暗
            printf(" LIGHT_BLUE:OFF--\n");                           //串口输出灯的状态
            printf("%d:%d:%d\n",gTime[0],gTime[1],gTime[2]);         //串口输出时钟
            mFlag='A';                                               //改变状态标志
        }
    }   //for(;;)结尾
}
```

2. 中断服务程序源文件 isr.c

请仿照 4.1.2 节中的 Timer 中断服务程序写出 SysTick 定时器中断服务程序（函数名为 SysTick_Handler）。

请按照 1.1.2 节介绍的步骤，将“..\04-Softwaree\ XM04\Systick-STM32L431”工程导入集成开发环境 AHL-GEC-IDE，然后依次编译工程、连接 GEC，最后将工程目录下 Debug 文件夹中的.hex 文件下载至 MCU 中，单击“一键自动更新”按钮，等待程序自动更新完成。当更新完成之后，程序将自动运行。同时观察小灯的闪烁效果和计算机显示器界面显示情况。

【拓展任务】

1. 简述可编程定时器的主要思想。
2. 请修改 4.1.2 节中 main.c 和 isr.c 的代码，分别完成如下功能。

1）改变小灯闪烁的频率。

2）控制其他小灯闪烁。

3）实现三色灯及彩灯的效果。

4）使用其他定时器实现相同的效果。

3. 请修改 4.2.2 节中 main.c 和 isr.c 的代码，分别完成如下功能。

1）改变小灯闪烁的频率。

2）控制其他小灯闪烁。

3）实现三色灯及彩灯的效果。

项目 5 利用 PWM 实现小灯亮度控制

项目导读：

脉宽调制（Pulse Width Modulator，PWM）信号是周期和脉冲宽度可以编程调整的高/低电平重复交替的周期性信号，应用广泛。在本项目中，首先学习 PWM 的通用知识，理解 PWM 的相关概念；然后学习 PWM 底层驱动构件的使用方法；最后学习利用 PWM 实现小灯亮度控制的应用层程序设计方法和测试方法。

任务 5.1 熟知 PWM 的通用知识

任务 5.1 熟知 PWM 的通用知识

5.1.1 PWM 的基本概念与技术指标

PWM 是电机控制的重要方式之一。PWM 信号是周期和脉冲宽度可以编程调整的高/低电平重复交替的周期性信号，通常也叫脉宽调制波或 PWM 波，其实例如图 5-1 所示。通过 MCU 输出 PWM 信号的方法与使用纯电力电子电路实现的方法相比，有实现方便及调节灵活等优点，所以目前经常使用的 PWM 信号主要通过 MCU 编程方法实现的。这个方法需要有产生 PWM 波的时钟源，设这个时钟源的时钟周期为 T_{CLK}。PWM 信号的主要技术指标有：周期、占空比、极性、脉冲宽度、分辨率、对齐方式等，下面分别介绍。

1. PWM 周期

在微控制器或微处理器编程产生 PWM 波的环境下，PWM 信号的周期用其持续的时钟周期个数来度量。例如图 5-1 中的 PWM 信号的周期是 8 个时钟周期，即 $T_{PWM}=8T_{CLK}$，由此看出 PWM 信号的可控制精度取决于其时钟源的颗粒度。

2. PWM 占空比

PWM 占空比被定义为 PWM 信号处于有效电平的时钟周期数与整个 PWM

周期内的时钟周期数之比，用百分比表示。图 5-1a 中，PWM 的高电平（高电平为有效电平）为 $2T_{CLK}$，所以占空比=2/8=25%，类似计算，图 5-1b 占空比为 50%（方波）、图 5-1c 占空比为 75%。

3. PWM 极性

PWM 极性决定了 PWM 波的有效电平。正极性，表示 PWM 有效电平为高电平（见图 5-1），那么在边沿对齐的情况下，PWM 引脚的平时电平（也称空闲电平）就应该为低，开始产生 PWM 的信号为高电平，到达比较值时，跳变为低电平，到达 PWM 周期时又变为高电平，周而复始。负极性则相反，PWM 引脚平时电平（空闲电平）为高电平，有效电平为低电平。但注意，占空比通常仍定义为高电平时间与 PWM 周期之比。

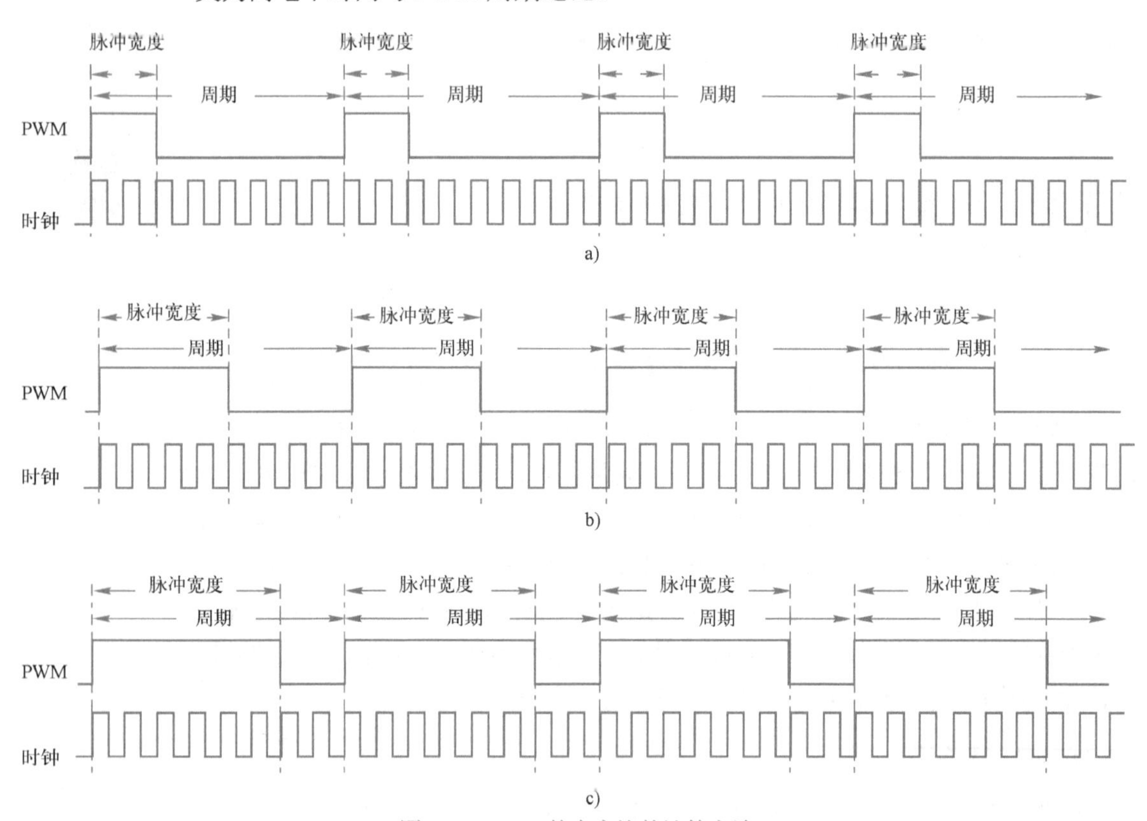

图 5-1 PWM 的占空比的计算方法

a) 25%的占空比 b) 50%的占空比 c) 75%的占空比

4. 脉冲宽度

脉冲宽度是指一个 PWM 周期内，PWM 波处于高电平的时间（用持续的时钟周期数表示）。可以用占空比与周期计算出来，可不作为一个独立的技术指标，记 PWM 占空比为 b，周期为 T_{PWM}，脉冲宽度为 W，则 $W=b\times T_{PWM}$，单位为时钟周期数，若时钟周期用秒为单位，W 乘以时钟周期，则可换算为以秒为单位。

笔 记

5. PWM 分辨率

PWM 分辨率ΔT 是指脉冲宽度的最小时间增量。例如，若 PWM 是利用频率为 48MHz 的时钟源产生的，即时钟源周期=（1/48）μs≈0.0208μs=20.8ns，那么脉冲宽度的每一增量为ΔT=20.8ns，就是 PWM 的分辨率。它就是脉冲宽度的最小时间增量了，脉冲宽度的增加与减少只能是ΔT 的整数倍。实际上，一般情况下，脉冲宽度 τ 正是用高电平持续的时钟周期数（整数）来表示的。

6. PWM 的对齐方式

可以用 PWM 引脚输出发生跳变的时刻来描述 PWM 的边沿对齐与中心对齐两种对齐方式。从 MCU 编程方式产生 PWM 的方法来理解这个概念。设产生 PWM 波时钟源的时钟周期为 T_{CLK}，PWM 周期 T_{PWM} 为 M 个时钟周期：PWM 的周期 $T_{PWM}=M\times T_{CLK}$，设有效电平（即脉冲宽度）为 N，脉冲宽度脉宽 $W=N\times T_{CLK}$，同时假设 N>0，N<M，计数器记为 TAR，通道（n）值寄存器记为 CCRn=N，用于比较。设 PWM 引脚输出平时电平为低电平，开始时，TAR 从 0 开始计数，在 TAR=0 的时钟信号上升沿，PWM 引脚输出电平由低变高，随着时钟信号增 1，TAR 增 1，当 TAR=N 时（即 TAR=CCRn），在此刻的时钟信号上升沿，PWM 引脚输出电平由高变低，持续 M−N 个时钟周期，TAR=0，PWM 引脚输出电平由低变高，周而复始。这就是边沿对齐（Edge-Aligned）的 PWM 波，缩写为 EPWM，是一种常用 PWM 波。图 5-2 给出了周期为 8，占空比为 25%的 EPWM 波示意图。概括地说，在平时电平为低电平的 PWM 的情况下，开始计数时，PWM 引脚输出电平同步变高，这就是边沿对齐。

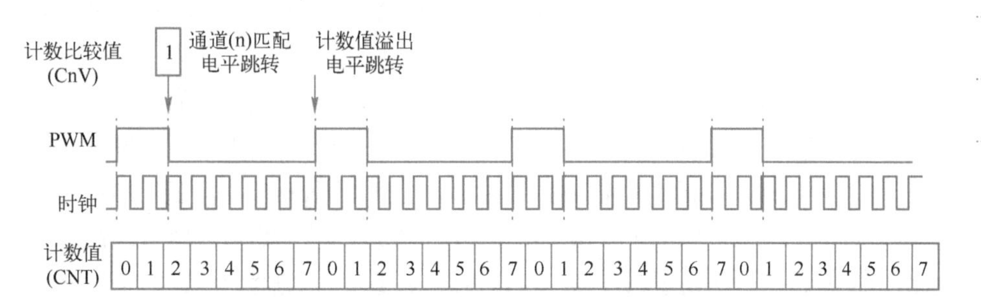

图 5-2　边沿对齐方式 PWM 输出

中心对齐（Center-Aligned）的 PWM 波，缩写为 CPWM，是一种比较特殊的产生 PWM 脉宽调制波的方法，常用在逆变器、电机控制等场合。图 5-3 给出了 25%占空比时 CPWM 产生的示意图，在计数器向上计数时，当计数值

笔记

（TAR）小于计数比较值（CCRn）时，PWM 通道输出低电平，当计数值（TAR）大于计数比较值（CCRn）时，PWM 通道发生电平跳转输出高电平。在计数器向下计数时，当计数值（TAR）大于计数比较值（CCRn）的时候，PWM 通道输出高电平，当计数值（TAR）小于计数比较值（CCRn）时，PWM 通道发生电平跳转输出低电平。按此运行机理周而复始的运行便实现 CPWM 波的正常输出。概括地说，设 PWM 波的低电平时间 $t_L=K\times T_{CLK}$，在平时电平为低电平的 PWM 的情况下，中心对齐的 PWM 波，比边沿对齐的 PWM 波形向右平移了（K/2）个时钟周期。

说明： 本书电子教学资源中的补充阅读材料给出了边沿对齐和中心对齐方式应用场景简介。

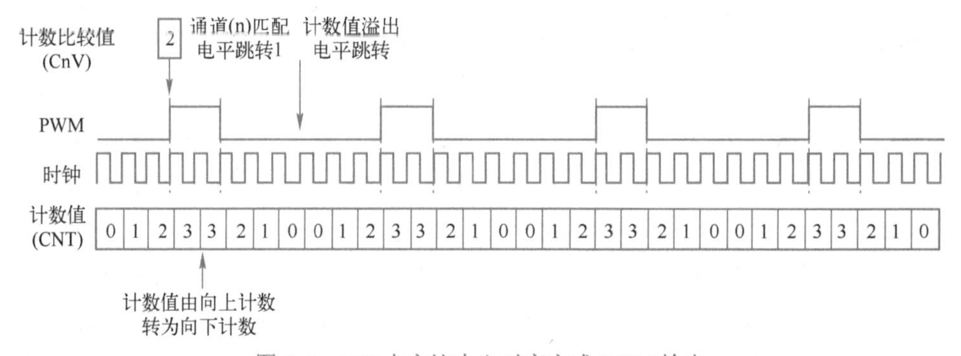

图 5-3　25%占空比中心对齐方式 PWM 输出

5.1.2　PWM 的应用场合

PWM 的最常见的应用是电机控制。还有一些其他用途，这里举例说明。

1）利用 PWM 为其他设备产生类似于时钟的信号。例如，PWM 可用来控制灯以一定频率闪烁。

2）利用 PWM 控制输入到某个设备的平均电流或电压。例如，一个直流电动机在输入电压时会转动，而转速与平均输入电压的大小成正比。假设每分钟转速（rpm）为输入电压的 100 倍，如果转速要达到 125rpm，则需要 1.25V 的平均输入电压；如果转速要达到 250rpm，则需要 2.50V 的平均输入电压。在不同占空比的图 5-1 中，如果逻辑 1 是 5V，逻辑 0 是 0V，则图 5-1a 的平均电压是 1.25V，图 5-1b 的平均电压是 2.5V，图 5-1c 的平均电压是 3.75V。可见，利用 PWM 可以设置适当的占空比来得到所需的平均电压，如果所设置的周期足够小，则电动机就可以平稳运转（即不会明显感觉到电动机在加速或减速）。

3）利用 PWM 控制命令字编码。例如，通过发送不同宽度的脉冲，代表不同含义。假如用此来控制无线遥控车，宽度 1ms 代表左转命令，4ms 代表右转命令，8ms 代表前进命令。接收端可以使用定时器来测量脉冲宽度，在脉冲开始时启动定时器，脉冲结束时停止定时器，由此来确定所经过的时间，从而判断收到的命令。

任务 5.2 Timer_PWM 底层驱动构件的使用

任务 5.2 Timer_PWM 底层驱动构件的使用

5.2.1 STM32L431 的 PWM 引脚

笔 记

在任务 4.1 节中提到，Timer 模块中的 TIM1、TIM2、TIM15、TIM16 提供 PWM 功能，各定时器提供的通道数及对应引脚如表 5-1 所示。

表 5-1 Timer 模块 PWM 通道引脚

Timer 模块	通道数	通道号	MCU 引脚名	GEC 引脚号
TIM1	4	1	PTA8	37
		2	PTA9	73
		3	PTA10	72
		4	PTA11	71
TIM2	4	1	PTA0	45
			PTA5	21
			PTA15	22
		2	PTA1	44
			PTB3	23
		3	PTA2	10
			PTB10	39
		4	PTA3	8
			PTB11	38
TIM15	2	1	PTA2	10
			PTB14	28
		2	PTA3	8
			PTB15	29
TIM16	1	1	PTA6	16
			PTB8	55

TIM1、TIM2 提供边沿对齐和中心对齐模式，而 TIM15、TIM16 仅提供边沿对齐模式。

笔记

5.2.2 PWM底层驱动构件头文件及使用方法

PWM底层驱动构件由pwm.h头文件和pwm.c源文件组成，若要使用PWM底层驱动构件，只需将这两个文件添加到所建工程的03_MCU \MCU_drivers文件夹中，即可实现对PWM的操作。其中，pwm.h头文件主要包括相关头文件的包含、一些必要的宏定义、API接口函数的声明；而pwm.c源文件则是应用程序接口函数的具体实现，其内容可参阅..03_MCU\MCU_drivers\pwm.c文件，需要结合STM32L431参考手册中的Timer模块信息和芯片头文件STM32L431xx.h进行分析，对初学者可不作要求。应用开发者只要熟悉pwm.h头文件的内容，即可使用PWM底层驱动构件进行编程。

下面，给出PWM底层驱动构件头文件pwm.h的内容。

```
//==========================================================================
//文件名称：pwm.h
//功能概要：PWM底层驱动构件头文件
//制作单位：SD-EAI&IoT Lab(sumcu.suda.edu.cn)
//版    本：2019-11-16   V2.0
//适用芯片：STM32L431
//==========================================================================
#ifndef _PWM_H
#define _PWM_H
#include "mcu.h"

//PWM对齐方式宏定义:边沿对齐、中心对齐
#define PWM_EDGE    0
#define PWM_CENTER 1
//PWM极性选择宏定义：正极性、负极性
#define PWM_PLUS     1
#define PWM_MINUS   0
//PWM通道号
#define  PWM_PIN0  (PTA_NUM|5)     //CH1
#define  PWM_PIN1  (PTB_NUM|3)     //CH2
#define  PWM_PIN2  (PTB_NUM|10)    //CH3
#define  PWM_PIN3  (PTB_NUM|11)    //CH4
#define  PWM_PIN4  (PTB_NUM|8)     //CH5
…
//==========================================================================
//函数名称：pwm_init
```

笔 记

```
//功能概要：pwm 初始化函数
//参数说明：pwmNo：pwm 通道号（使用宏定义 PWM_PIN0、PWM_PIN1、…）
//          clockFre：时钟频率，单位：kHz，取值：375、750、1500、3000、6000、
//                    12000、24000、48000
//          period：周期，单位为个数，即计数器跳动次数，范围为 1～65536
//          duty：占空比：0.0～100.0 对应 0～100%
//          align：对齐方式，在头文件宏定义给出，如 PWM_EDGE 为边沿对齐
//          pol：极性，在头文件宏定义给出，如 PWM_PLUS 为正极性
//函数返回：无
//==========================================================================
void pwm_init(uint16_t pwmNo,uint32_t clockFre,uint16_t period,double duty,
              uint8_t align,uint8_t pol);

//==========================================================================
//函数名称：pwm_update
//功能概要：tpmx 模块 Chy 通道的 PWM 更新
//参数说明：pwmNo：pwm 通道号（使用宏定义 PWM_PIN0、PWM_PIN1、…）
//          duty：占空比：0.0～100.0 对应 0～100%
//函数返回：无
//==========================================================================
void pwm_update(uint16_t pwmNo,double duty);

#endif
```

任务 5.3　PWM 应用层程序设计与测试

5.3.1　PWM 应用层程序设计

在表 2-9 所示的框架下，设计 07_NosPrg 中的文件，利用 PWM 实现小灯亮度控制的功能。

```
//==========================================================================
//文件名称：main.c（应用工程主函数）
//框架提供：SD-Arm（sumcu.suda.edu.cn）
//版本更新：2017.08, 2020.05
//功能描述：见本工程的<01_Doc>文件夹下 Readme.txt 文件
```

笔 记

```
//======================================================================
#define GLOBLE_VAR              //宏定义全局变量
#include "includes.h"           //包含总头文件
//----------------------------------------------------------------------
//声明使用到的内部函数

//----------------------------------------------------------------------
//主函数，一般情况下可以认为程序从此开始运行
int main(void)
{
    //（1）======启动部分
    //（1.1）声明 main 函数使用的局部变量
    uint8_t   gpio_state;           //存放引脚的状态
    uint8_t   Flag;                 //小灯的状态标志：0 代表亮，1 代表暗
    //（1.2）【不变】关总中断
    DISABLE_INTERRUPTS;
    //（1.3）给主函数使用的局部变量赋初值
    Flag=1;
    //（1.4）给全局变量赋初值

    //（1.5）用户外设模块初始化
    gpio_init(LIGHT_BLUE,GPIO_OUTPUT,LIGHT_OFF);              //初始化蓝灯
    pwm_init(PWM_USER,1500,1500,50.0,PWM_EDGE,PWM_PLUS);   //PWM 输出初始化①
    //（1.6）使能模块中断

    //（1.7）【不变】开总中断
    ENABLE_INTERRUPTS;
    //（1.8）向 PC 串口调试窗口输出信息
    printf("------------------------------------------------------\n");
    printf("金葫芦提示：\n");
    printf("  （1）蓝灯每秒闪烁一次\n");
    printf("  （2）串口输出 PWM 的高低电平\n");
    printf("  （3）可通过 PWM-测试程序-C#2019 观察波形变化\n");
    printf("------------------------------------------------------\n");
    //（2）======主循环部分
    for(;;)
```

① 在本工程的 05_UserBoard\user.h 中有宏定义：#define   PWM_USER   PWM_PIN5

笔记

```
    {
        gpio_state = gpio_get(PWM_USER);
        if((gpio_state==1)&&(Flag==1))
        {
            printf("引脚输出高电平，小灯暗\n");
            Flag=0;
            gpio_set(LIGHT_BLUE, LIGHT_OFF);
        }
        else if((gpio_state==0)&&(Flag==0))
        {
            printf("引脚输出低电平，小灯亮\n");
            Flag=1;
            gpio_set(LIGHT_BLUE, LIGHT_ON);
        }
    }
}
```

5.3.2　PWM 应用层程序测试

请读者按照 1.1.2 节介绍的步骤，将“..\\04-Software\XM05\PWM-STM32L431”工程导入集成开发环境 AHL-GEC-IDE，然后依次编译工程、连接 GEC，最后将工程目录下 Debug 文件夹中的.hex 文件下载至 MCU 中，单击“一键自动更新”按钮，等待程序自动更新完成。当更新完成之后，程序将自动运行。观察小灯亮度的变化和计算机显示器界面显示情况。

【拓展任务】

1．给出 PWM 的基本含义及主要技术指标的简明描述。
2．修改 5.3.1 节的程序，分别实现小灯逐渐变亮和逐渐变暗的效果。
3．利用逻辑分析仪测试 PWM 通道输出的信号。

项目 6 利用输入捕捉测量脉冲信号的周期和脉宽

项目导读：

输出比较的功能是用程序的方法在规定的较精确时刻输出需要的电平，实现对外部电路的控制。输入捕捉是用来监测外部开关量输入信号变化的时刻。在本项目中，首先学习输出比较和输入捕捉的通用知识，理解其基本含义、原理和应用场合；然后学习输出比较和输入捕捉底层驱动构件的使用方法；最后学习输出比较和输入捕捉功能的应用层程序设计和测试方法。

任务 6.1 熟知输出比较和输入捕捉的通用知识

任务 6.1 熟知输出比较和输入捕捉的通用知识

6.1.1 输出比较的基本含义、原理和应用场合

输出比较的功能是用程序的方法在规定的较精确时刻输出需要的电平，实现对外部电路的控制。MCU 输出比较模块的基本工作原理是，当定时器的某一通道用作输出比较功能时，通道寄存器的值和计数寄存器的值每隔 4 个总线周期比较一次。当两个值相等时，输出比较模块置定时器捕捉/比较寄存器的中断标志位为 1，并且在该通道的引脚上输出预先规定的电平。如果输出比较中断允许，还会产生一个中断。

输出比较的应用场合主要有产生一定间隔的脉冲，典型的应用实例就是实现软件的串行通信。用输入捕捉作为数据输入，而用输出比较作为数据输出。首先根据通讯的波特率向通道寄存器写入延时的值，然后根据待传的数据位确定有效输出电平的高低。在输出比较中断处理程序中，重新更改通道寄存器的值，并根据下一位数据改写有效输出电平控制位。

6.1.2 输入捕捉的基本含义、原理和应用场合

输入捕捉是用来监测外部开关量输入信号变化的时刻。当外部信号在指

笔 记

定的 MCU 输入捕捉引脚上发生一个沿跳变（上升沿或下降沿）时，定时器捕捉到沿跳变后，把计数器当前值锁存到通道寄存器，同时产生输入捕捉中断，利用中断处理程序可以得到沿跳变的时刻。这个时刻是定时器工作基础上的更精细时刻。

只要记录了输入信号连续的沿跳变，就可以用软件计算出输入信号的周期和脉宽。例如，为了测量图 6-1 所示的脉冲信号的周期，只要记录两个相邻的上升沿的时刻（时刻 1 和时刻 3）或下降沿的时刻（时刻 2 和时刻 4），两者相减即可得到周期；为了测量脉宽，只要记录相邻的两个不同极性的沿跳变的时刻（时刻 1 和时刻 2，或时刻 3 和时刻 4），两者相减即可得到脉宽。需要说明的是：当被测信号的周期或脉宽小于定时器的溢出周期时，只要将两次沿跳变对应的计数值直接相减后再乘以定时器的计数周期，即可计算出输入信号的周期或脉宽；如果被测信号的周期或脉宽大于定时器的溢出周期，那么在两次输入捕捉中断之间就会发生定时器计数的溢出翻转，这时直接将两次沿跳变对应的计数值相减是没有意义的，此时需要考虑定时器的溢出次数。

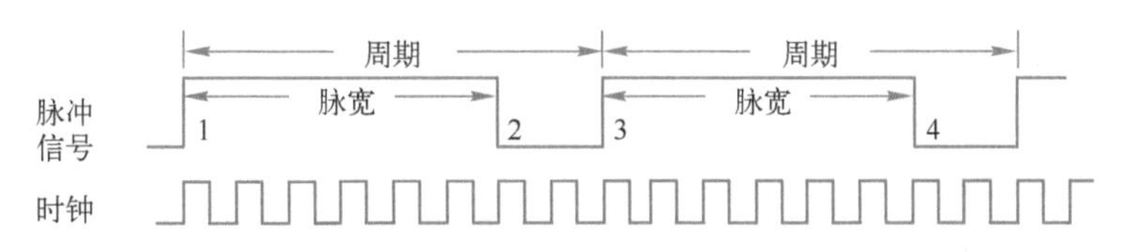

图 6-1　脉冲信号的输入捕捉过程示意图

输入捕捉的应用场合主要有测量脉冲信号的周期与波形。例如，自己编程产生的 PWM 波，可以直接连接输入捕捉引脚，通过输入捕捉的方法测量回来，看看是否达到要求。输入捕捉的应用场合还有电机的速度测量。本书电子教学资源的补充阅读材料中有利用输入捕捉测量电机速度方法简介。

任务 6.2　输出比较和输入捕捉底层驱动构件的使用

任务 6.2　输出比较和输入捕捉底层驱动构件的使用

6.2.1　STM32L431 的输出比较和输入捕捉引脚

Timer 模块中的 TIM1、TIM2、TIM15、TIM16 同样提供输出比较和输入捕捉功能，各定时器提供的通道数及对应引脚与 PWM 相同，见表 5-1。

笔 记

6.2.2 输出比较底层驱动构件头文件及使用方法

输出比较底层驱动构件由 outcmp.h 头文件和 outcmp.c 源文件组成，若要使用输出比较底层驱动构件，只需将这两个文件添加到所建工程的 03_MCU\MCU_drivers 文件夹中，即可实现对输出比较的操作。其中，outcmp.h 头文件主要包括相关头文件的包含、一些必要的宏定义、API 接口函数的声明；而 outcmp.c 源文件则是应用程序接口函数的具体实现，其内容可参阅..03_MCU\MCU_drivers\outcmp.c 文件，需要结合 STM32L431 参考手册中的 Timer 模块信息和芯片头文件 STM32L431xx.h 进行分析，对初学者可不作要求。应用开发者只要熟悉 outcmp.h 头文件的内容，即可使用输出比较底层驱动构件进行编程。

下面，给出输出比较底层驱动构件头文件 outcmp.h 的内容。

```
//======================================================================
//文件名称：outcmp.h
//功能概要：输出比较底层驱动构件头文件
//制作单位：SD-EAI&IoT Lab(sumcu.suda.edu.cn)
//版    本：2019-11-21   V2.0
//适用芯片：STM32L431
//======================================================================
#ifndef OUTCMP_H
#define OUTCMP_H
#include "mcu.h"

//输出比较模式选择宏定义
#define CMP_REV     0    //翻转电平
#define CMP_LOW      1   //强制低电平
#define CMP_HIGH    2    //强制高电平

//输出比较通道号
#define   OUTCMP_PIN0   (PTA_NUM|5)    // CH1
#define   OUTCMP_PIN1   (PTB_NUM|3)    //CH2
#define   OUTCMP_PIN2   (PTB_NUM|10)   //CH3
#define   OUTCMP_PIN3   (PTB_NUM|11)   //CH4
…

//======================================================================
//函数名称：outcmp_init
```

笔 记

```
//功能概要：outcmp 模块初始化
//参数说明：outcmpNo：通道号（使用宏定义 OUTCMP_PIN0、OUTCMP_PIN1、…）
//          freq：单位：kHz，取值：375、750、1500、3000、6000、12000、
//                24000、48000
//          cmpPeriod：单位：ms，范围取决于计数器频率与计数器位数（16 位）
//          comduty：输出比较电平翻转位置占总周期比例：0.0～100.0%
//          cmpmode：输出比较模式（翻转电平、强制低电平、强制高电平），
//                   有宏定义常数使用
//函数返回：无
//=====================================================================
void outcmp_init(uint16_t outcmpNo,uint32_t freq,uint32_t cmpPeriod,float cmpduty, \
uint8_t cmpmode);

//=====================================================================
//函数名称：outcmp_enable_int
//功能概要：使能输出比较使用的 timer 模块中断。
//参数说明：outcmpNo：通道号（使用宏定义 OUTCMP_PIN0、OUTCMP_PIN1、…）
//函数返回：无
//=====================================================================
void outcmp_enable_int(uint16_t outcmpNo);

//=====================================================================
//函数名称：outcmp_disable_int
//功能概要：禁用输出比较使用的 timer 模块中断。
//参数说明：outcmpNo：通道号（使用宏定义 OUTCMP_PIN0、OUTCMP_PIN1、…）
//函数返回：无
//=====================================================================
void outcmp_disable_int(uint16_t outcmpNo);

//=====================================================================
//函数名称：outcmp_get_int
//功能概要：获取输出比较使用的 timer 模块中断标志
//参数说明：outcmpNo：通道号（使用宏定义 OUTCMP_PIN0、OUTCMP_PIN1、…）
//函数返回：中断标志 1=有中断产生;0=无中断产生
//=====================================================================
uint_8 outcmp_get_int(uint16_t outcmpNo);
```

笔 记

```
…

#endif
```

6.2.3 输入捕捉底层驱动构件头文件及使用方法

输入捕捉底层驱动构件由 incapture.h 头文件和 incapture.c 源文件组成，若要使用输入捕捉底层驱动构件，只需将这两个文件添加到所建工程的 03_MCU\MCU_drivers 文件夹中，即可实现对输入捕捉的操作。其中，incapture.h 头文件主要包括相关头文件的包含、一些必要的宏定义、API 接口函数的声明；而 incapture.c 源文件则是应用程序接口函数的具体实现，其内容可参阅..03_MCU\MCU_drivers\incapture.c 文件，需要结合 STM32L431 参考手册中的 Timer 模块信息和芯片头文件 STM32L431xx.h 进行分析，对初学者可不作要求。应用开发者只要熟悉 incapture.h 头文件的内容，即可使用输入捕捉底层驱动构件进行编程。

下面，给出输入捕捉底层驱动构件头文件 incapture.h 的内容。

```
//======================================================================
//文件名称：incapture.h
//功能概要：输入捕捉底层驱动构件头文件
//制作单位：SD-EAI&IoT Lab(sumcu.suda.edu.cn)
//版    本：2020-11-06   V2.0
//适用芯片：STM32L431
//======================================================================
#ifndef _INCAPTURE_H
#define _INCAPTURE_H
#include "mcu.h"
//输入捕捉模式
#define CAP_UP          0       //上升沿
#define CAP_DOWN        1       //下降沿
#define CAP_DOUBLE      2       //双边沿
//输入捕捉通道号
#define   INCAP_PIN0   (PTA_NUM|2)   //CH1
#define   INCAP_PIN1   (PTA_NUM|3)   //CH2
…

//======================================================================
```

笔 记

```
//函数名称：incap_init
//功能概要：incap 模块初始化
//参数说明：capNo:输入捕捉通道号（使用宏定义 INCAP_PIN0、INCAP_PIN1、…）
//          clockFre:时钟频率，单位:kHz，取值:375、750、1500、3000、6000、12000、
//                                    24000、48000
//          period：周期，单位为个数，即计数器跳动次数，范围为 1～65536
//          capmode：输入捕捉模式（上升沿、下降沿、双边沿），有宏定义常数使用
//函数返回：无
//======================================================================
void incapture_init(uint16_t capNo,uint32_t clockFre,uint16_t period,uint8_t capmode);

//======================================================================
//函数名称：incapture_value
//功能概要：获取该通道的计数器当前值
//参数说明：capNo：输入捕捉通道号（使用宏定义 INCAP_PIN0、INCAP_PIN1、…）
//函数返回：通道的计数器当前值
//======================================================================
uint16_t get_incapture_value(uint16_t capNo);

//======================================================================
//函数名称：cap_enable_int
//功能概要：使能输入捕捉中断
//参数说明：capNo：输入捕捉通道号（使用宏定义 INCAP_PIN0、INCAP_PIN1、…）
//函数返回：无
//======================================================================
void cap_enable_int(uint16_t capNo);

//======================================================================
//函数名称：cap_disable_int
//功能概要：禁止输入捕捉中断
//参数说明：capNo：输入捕捉通道号（使用宏定义 INCAP_PIN0、INCAP_PIN1、…）
//函数返回：无
//======================================================================
void cap_disable_int(uint16_t capNo);

…

#endif
```

笔 记

任务 6.3 输出比较和输入捕捉功能的应用层程序设计与测试

6.3.1 输出比较和输入捕捉应用层程序设计

在表 2-9 所示的框架下，设计 07_NosPrg 中的文件，捕捉输出比较引脚输出的脉冲信号。

1. 主程序源文件 main.c

```
//======================================================================
//文件名称：main.c（应用工程主函数）
//框架提供：SD-Arm（sumcu.suda.edu.cn）
//版本更新：2017.08, 2020.05
//功能描述：见本工程的<01_Doc>文件夹下 Readme.txt 文件
//======================================================================
#define GLOBLE_VAR                //宏定义全局变量
#include "includes.h"             //包含总头文件
//----------------------------------------------------------------------
//声明使用到的内部函数
//main.c 使用的内部函数声明处
void Delay_ms(uint16_t u16ms);    //延时函数声明
//----------------------------------------------------------------------
//主函数，一般情况下可以认为程序从此开始运行
int main(void)
{
    //（1）======启动部分
    //（1.1）声明 main 函数使用的局部变量
     uint8_t   mFlag;                  //小灯的状态标志：'A'代表亮，'L'代表暗
    //（1.2）【不变】关总中断
    DISABLE_INTERRUPTS;
    //（1.3）给主函数使用的局部变量赋初值
     mFlag='A';                        //小灯的状态标志
    //（1.4）给全局变量赋初值
```

笔 记

```
// (1.5) 用户外设模块初始化①
gpio_init(LIGHT_BLUE,GPIO_OUTPUT,LIGHT_ON);      //初始化蓝灯
outcmp_init(OUTCMP_USER,3000,200,50.0,0);        //输出比较初始化
incapture_init(INCAP_USER,375,1000,CAP_DOUBLE);  //上升沿捕捉初始化
// (1.6) 使能模块中断
cap_enable_int(INCAP_USER);                      //使能输入捕捉中断
// (1.7)【不变】开总中断
ENABLE_INTERRUPTS;
// (1.8) 向 PC 串口调试窗口输出信息
printf("-------------------------------------------------------\n");
printf("金葫芦提示：\n");
printf(" （1）蓝灯每秒闪烁一次\n");
printf(" （2）设置输出比较，上升沿捕捉功能\n");
printf(" （3）每次触发输入捕捉，都会输出当前捕捉到的通道值"\n");
printf(" （4）输出比较通道：GEC39；输入捕捉通道：GEC10"\n");
printf("-------------------------------------------------------\n");
// (2) ======主循环部分（开头）
for(;;)
{
    Delay_ms(1000);                              //延时 1000ms
    //灯状态标志 mFlag 为'L'，改变灯状态及标志
    if (mFlag=='L')                              //判断灯的状态标志
    {
        mFlag='A';                               //灯的状态标志
        gpio_set(LIGHT_BLUE,LIGHT_ON);           //灯亮
        printf(" LIGHT_BLUE:ON--\n");            //串口输出灯的状态
    }
    //如灯状态标志 mFlag 为'A'，改变灯状态及标志
    else
    {
        mFlag='L';                               //灯的状态标志
        gpio_set(LIGHT_BLUE,LIGHT_OFF);          //灯暗
        printf(" LIGHT_BLUE:OFF--\n");           //串口输出灯的状态
    }
```

① 在本工程的 05_UserBoard\user.h 中有宏定义：#define OUTCMP_USER　OUTCMP_PIN2 和 #define INCAP_USER　INCAP_PIN0

笔 记

```
    }
}
//======以下为主函数调用的子函数存放处
//=========================================================================
//函数名称：Delay_ms
//函数返回：无
//参数说明：无
//功能概要：延时 - 毫秒级
//=========================================================================
void Delay_ms(uint16_t u16ms)
{
    uint32_t u32ctr;
    for(u32ctr = 0; u32ctr < 8000*u16ms; u32ctr++)
    {
        __ASM("NOP");
    }
}
```

2. 中断服务程序源文件 isr.c

```
//=========================================================================
//文件名称：isr.c（中断处理程序源文件）
//框架提供：SD-ARM（sumcu.suda.edu.cn）
//版本更新：20170801-20191020
//功能描述：提供中断处理程序编程框架
//=========================================================================
#include "includes.h"
//声明使用到的内部函数
//isr.c 使用的内部函数声明处


//=========================================================================
//函数名称：INCAP_USER_Handler①（输入捕捉中断处理程序）
//参数说明：无
```

① 在“..\03_MCU\startup\ startup_STM32L431tx.s”文件的中断向量表中，输入捕捉中断服务程序的函数名是 TIM1_BRK_ TIM15_IRQHandler。同时在“..\05_UserBoard\User.h”文件中，对其宏定义，增强程序的可移植性：

```
#define   INCAP_USER_Handler     TIM1_BRK_TIM15_IRQHandler
```

笔 记

```
//函数返回：无
//功能概要：(1) 每次捕捉到上升沿或者下降沿触发该程序；
//          (2) 每次触发都会上传当前捕捉到的上位机程序
//================================================================
void INCAP_USER_Handler(void)
{
    uint16_t val;
    DISABLE_INTERRUPTS;       //关总中断
    //---------------------------------------------------------------
    //（在此处增加功能）
    if(cap_get_flag(INCAP_USER))
    {
        val = get_incapture_value(INCAP_USER);
        printf("输入捕捉值%d\r\n",val);
        cap_clear_flag(INCAP_USER); //清中断
    }
    //---------------------------------------------------------------
    ENABLE_INTERRUPTS;        //开总中断
}
```

6.3.2 输出比较和输入捕捉应用层程序测试

测试前，需要先用杜邦线将输出比较引脚（GEC39）和输入捕捉引脚（GEC10）连接好；然后按照 1.1.2 节介绍的步骤，将“..\\04-Software\XM06\Incapture-Outcmp-STM32L431”工程导入集成开发环境 AHL-GEC-IDE，然后依次编译工程、连接 GEC，最后将工程目录下 Debug 文件夹中的.hex 文件下载至 MCU 中，单击“一键自动更新”按钮，等待程序自动更新完成。当更新完成之后，程序将自动运行。观察小灯亮度的变化和计算机显示器界面显示情况。

【拓展任务】

请修改 6.3.1 节的程序，计算并输出脉冲信号的周期和脉宽。

项目 7 利用 ADC 设计简易数字电压表

项目导读：

在嵌入式测控系统中，往往需要通过模/数转换器（Analog to Digital Converter，ADC）将模拟输入量转换为数字量，以供 MCU 接收和处理。在本项目中，首先学习 ADC 的通用知识，理解与 ADC 相关的基本概念，掌握最简单的 A/D 转换采样电路；然后学习 ADC 底层驱动构件的使用方法；最后学习利用 ADC 进行简易数字电压表的设计方法，掌握简易数字电压表的硬件电路组成和工作原理，以及对应的 ADC 应用层程序设计方法与测试方法。

任务 7.1 熟知 ADC 的通用知识

任务 7.1 熟知 ADC 的通用知识

7.1.1 模拟量、数字量及模/数转换器的基本含义

模拟量（Analogue Quantity）是指变量在一定范围连续变化的物理量，从数学角度，连续变化可以理解为可取任意值。例如，温度这个物理量，可以有 28.1℃，也可以有 28.15℃，还可以有 28.152℃，…，也就是说，原则上可以有无限多位小数点，这就是模拟量连续的含义。当然，实际达到多少位小数点则取决于问题需要与测量设备性能。

数字量（Digital Quantity）是分立量，不可连续变化，只能取一些分立值。现实生活中，有许多数字量的例子，如 1 部手机、2 部手机，…，不能说买 0.12 部手机，那它无法实现手机的功能！在计算机中，所有信息均使用二进制表示。例如，用 1 位二进制只能表达 0、1 两个值，8 位二进制可以表达 0、1、2、…、254、255，共 256 个值，不能表示其他值，这就是数字量。

模/数转换器是将电信号转换为计算机可以处理的数字量的电子器件，这个电信号可能是由温度、压力等实际物理量经过传感器和相应的变换电路转化而来的。

笔 记

7.1.2　与 A/D 转换编程相关的技术指标

1. 与 A/D 转换编程直接相关的技术指标

与 A/D 转换编程直接相关的技术指标主要有：转换精度、单端输入与差分输入、转换速度、A/D 参考电压、滤波问题、物理量回归等，下面简要概述。

（1）转换精度

转换精度（Conversion Accuracy）是指数字量变化一个最小量时对应模拟信号的变化量，也称为分辨率（Resolution），通常用模/数转换器（ADC）的二进制位数来表征，通常有 8 位、10 位、12 位、16 位、24 位等，转换后的数字量简称 A/D 值。通常位数越大，精度越高。设 ADC 的位数为 N，因为 N 位二进制数可表示的范围是 $0\sim(2^N-1)$，因此最小能检测到的模拟量变化值就是 $1/2^N$。例如，某一 ADC 的位数为 12 位，若参考电压为 5V（即满量程电压），则可检测到的模拟量变化最小值为 $5/2^{12}\approx0.00122$（V）=1.22（mV），就是 ADC 的理论精度（分辨率）了。这也是 12 位二进制数的最低有效位（Least Significant Bit，LSB[①]）所能代表的值，即在这个例子中，$1LSB=5\times(1/2^{12})\approx1.22$（mV）。实际上由于量化误差的存在，实际精度达不到。

【练习】设参考电压为 5V，ADC 的位数是 16 位，计算这个 ADC 的理论精度。

（2）单端输入与差分输入

一般情况下，实际物理量经过传感器转成微弱的电信号，再由放大电路变换成 MCU 引脚可以接收的电压信号。若从 MCU 的一个引脚接入，使用公共地 GND 作为参考电平，就称为单端输入。单端输入方式的优点是简单，只需 MCU 的一个引脚；缺点是容易受到电磁干扰，由于 GND 电位始终是 0V，因此 A/D 采样值也会随着电磁干扰而变化[②]。

若从 MCU 的两个引脚接入模拟信号，A/D 采样值是两个引脚的电平差值，就称为差分输入。差分输入方式的优点是降低了电磁干扰，缺点是多用了 MCU 的一个引脚。因为两根差分线会布置在一起，受到的干扰程度接近，引入 A/D 转换引脚的共模干扰[③]，由于 ADC 内部电路是使用两个引脚相减后进行 A/D 转

① 与二进制最低有效位相对应的是最高有效位（Most Significant Bit，MSB），12 位二进制数的最高有效位（MSB）为 2048，而最低有效位（LSB）为 1/4096。不同位数的二进制中，MSB 和 LSB 代表的值不同。

② 电磁干扰总是存在的，空中存在着各种频率的电磁波，根据电磁效应，处于电磁场中的电路总会受到干扰，因此设计 A/D 采样电路以及 A/D 采样软件均要考虑如何减少电磁干扰问题。

③ 共模干扰往往是指同时加载在各个输入信号接口端的共有的信号干扰。采用屏蔽双绞线并有效接地、采用线性稳压电源或高品质的开关电源、使用差分式电路等方式可以有效地抑制共模干扰。

笔记

换的，从而降低了干扰。实际采集电路使用单端输入还是差分输入，取决于成本、对干扰的允许程度等方面的考虑。

通常在 A/D 转换编程时，把每一路模拟量称为一个通道，使用通道号表达对应的模拟量。这样，在单端输入情况下，通道号与一个引脚对应；在差分输入情况下，与两个引脚对应。

（3）软件滤波问题

即使输入的模拟量保持不变，常常发现利用软件得到的 A/D 转换值也不一致，其原因可能由电磁干扰问题，也可能是模/数转换器（ADC）本身转换误差问题，但在许多情况下，可以通过软件滤波方法给予解决。

例如，可以采用中值滤波、均值滤波等软件滤波来提高采样稳定性。所谓中值滤波，就是将 M（奇数）次连续采样的 A/D 值按大小进行排序，取中间值作为实际 A/D 采样值。而均值滤波，是把 N 次采样结果值相加，除以采样次数 N，得到的平均值就是滤波后的结果。还可以采用几种滤波方法联合使用，进行综合滤波。

（4）物理量回归问题

在实际应用中，得到稳定的 A/D 采样值以后，还需要把 A/D 采样值与实际物理量对应起来，这一步称为物理量回归。A/D 转换的目的是把模拟信号转化为数字信号，供计算机进行处理，但必须知道 A/D 转换后的数值所代表的实际物理量的值，这样才有实际意义。例如，利用 MCU 采集室内温度，A/D 转换后的数值是 126，实际它代表的温度是多少？如果当前室内温度是 25.1℃，则 A/D 值 126 就代表实际温度 25.1℃，把 126 这个值“回归”到 25.1℃的过程就是 A/D 转换物理量回归过程。

物理量回归与仪器仪表“标定”一词的基本内涵是一致的，但不涉及 A/D 转换概念，只是与标准仪表进行对应，以便使得待标定的仪表准确。而计算机中的物理量回归一词是指计算机获得的 A/D 采样值，如何与实际物理量值对应起来，也需借助标准仪表，从这个意义上理解，它们的基本内涵一致。

A/D 转换物理量回归问题，可以转化为数学上的一元回归分析问题，也就是一个自变量，一个因变量，寻找它们之间的逻辑关系。设 A/D 值为 x，实际物理量为 y，物理量回归需要寻找它们之间的函数关系：y=f(x)。

2. 与 A/D 转换编程关联度较弱的技术指标

7.1.1 节给出的转换精度、单端输入与差分输入、软件滤波、物理量回归 4 个基本概念，与软件编程关系密切。还有几个 A/D 转换编程关联度较弱的技术指标，如量化误差、转换速度、A/D 参考电压等。

笔 记

（1）量化误差

在把模拟量转换为数字量过程中，要对模拟量进行采样和量化，使之转换成一定字长的数字量，量化误差就是指模拟量量化过程而产生的误差。例如，一个 12 位 A/D 转换器，输入模拟量为恒定的电压信号 1.68V，经过 A/D 转换器转换，所得的数字量理论值应该是 2028，但编程获得的实际值却是 2026～2031 之间的随机值，它们与 2028 之间的差值就是量化误差。量化误差大小是 A/D 转换器件的性能指标之一。

理论上量化误差为（±1/2）LSB。以 12 位 A/D 转换器为例，设输入电压范围是 0～3V，即把 3V 分解成 4096 份，每份是 1 个最低有效位 LSB 代表的值，即为 (1/4096)×3V=0.00073242V，也就是为 A/D 转换器的理论精度。数字 0、1、2、…，分别对应 0V、0.00073242V、0.00048828V、…，若输入电压在 0.000 732 42～0.000 488 28 之间的值，则按照靠近 1 或 2 的原则转换成 1 或 2，这样的误差，就是量化误差，可达（±1/2）LSB，即 0.000 732 42V/2= 0.000 366 21。（±1/2）LSB 的量化误差属于理论原理性误差，不可消除。所以，一般来说，若用 A/D 转换器位数表示转换精度，其实际精度要比理论精度至少减一位。再考虑到制造工艺误差，一般再减一位。这样标准 16 位 A/D 转换器的实际精度就变为 14 位，该精度作为实际应用选型参考。

（2）转换速度

转换速度通常用完成一次 A/D 转换所要花费的时间来表征。在软件层面上，A/D 的转换速度与转换精度、采样时间有关，其中可以通过降低转换精度来缩短转换时间。转换速度与 A/D 转换器的硬件类型及制造工艺等因素密切相关，其特征值为纳秒级。A/D 转换器的硬件类型主要有：逐次逼近型、积分型、Σ-Δ 调制型等。

在 STM32L431 芯片中，完成一次完整的 A/D 转换时间是配置的采样时间与逐次逼近时间（具体取决于采样精度）的总和。例如，如果 ADC 的时钟频率为 F_{ADC_CLK}，则时钟周期为 T_{ADC_CLK}。采样精度为 12 位时，逐次逼近时间固定为 12.5 个 ADC 时钟周期。其中采样时间可以由 SMPx[2:0]寄存器控制，每个通道可以单独配置。计算转换时间 T_{CONV} 为：

$$T_{CONV} = (\text{采样时间} + 12.5) \times T_{ADC\_CLK}$$

可以通过软件配置采样时间与采样精度，来影响转换速度。在实际编程中，若通过定时器进行触发启动 ADC，则还需要加上与定时器相关的所需时间。

（3）A/D 参考电压

A/D 转换需要一个参考电压。比如要把一个电压分成 1024 份，每一份的基

笔记

准必须是稳定的，这个电压来自于基准电压，就是 A/D 参考电压。粗略的情况下，A/D 参考电压使用给芯片功能供电的电源电压。更为精确的要求下，A/D 参考电压使用单独电源，要求功率小（在毫瓦（mW）级即可），但波动小（如 0.1%），一般电源电压达不到这个精度，否则成本太高。

3. 最简单的 A/D 转换采样电路举例

这里给出一个最简单的 A/D 转换采样电路，以表征 A/D 转换应用中的硬件电路的基本原理示意，以光敏/温度传感器为例。

光敏电阻器是利用半导体的光电效应制成的一种电阻值随入射光的强弱而改变的电阻器；入射光强，电阻减小，入射光弱，电阻增大。光敏电阻器一般用于光的测量、光的控制和光电转换（将光的变化转换为电的变化）。通常，光敏电阻器都制成薄片结构，以便吸收更多的光能。当它受到光的照射时，半导体片（光敏层）内就激发出电子–空穴对，参与导电，使电路中电流增强。一般光敏电阻器结构如图 7–1a 所示。

与光敏电阻类似的，温度传感器是利用一些金属、半导体等材料与温度有关的特性制成的，这些特性包括热膨胀、电阻、电容、磁性、热电势、热噪声、弹性及光学特征，根据制造材料将其分为热敏电阻传感器、半导体热电偶传感器、PN 结温度传感器和集成温度传感器等类型。热敏电阻传感器是一种比较简单的温度传感器，其最基本电气特性是随着温度的变化自身阻值也随之变化，图 7–1b 是热敏电阻器。

在实际应用中，将光敏或热敏电阻接入图 7–1c 的采样电路中，光敏或热敏电阻和一个特定阻值的电阻串联，由于光敏或热敏电阻会随着外界环境的变化而变化，因此 A/D 采样点的电压也会随之变化，A/D 采样点的电压为

$$V_{A/D}=\frac{R_x}{R_{光敏}+R_x}\times V_{REF}$$

式中，R_x 是一特定阻值，根据实际光敏或热敏电阻的不同而加以选定。

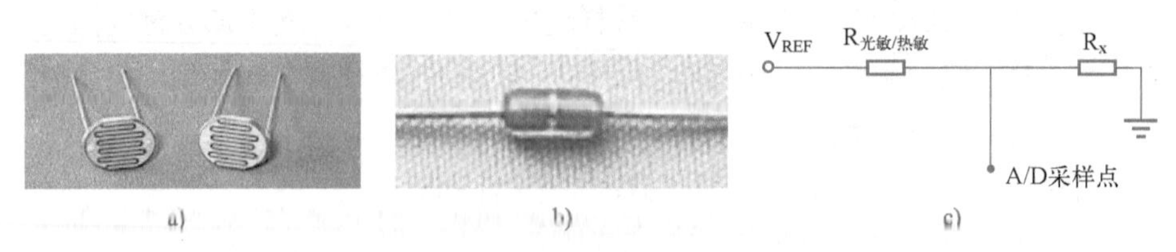

图 7–1 光敏/热敏电阻及其采样电路

a) 光敏电阻 b) 热敏电阻 c) 采样电路

以热敏电阻为例，假设热敏电阻阻值增大，采样点的电压就会减小，

笔 记

A/D 采样值也相应减小；反之，热敏电阻阻值减小，采样点的电压就会增大，A/D 采样值也相应增大。所以采用这种方法，MCU 就会获知外界温度的变化。如果想知道外界的具体温度值，就需要进行物理量回归操作，也就是通过 A/D 采样值，根据采样电路及热敏电阻温度变化曲线，推算当前温度值。

灰度传感器也是由光敏元件构成的。所谓灰度也可认为是亮度，简单地说，就是色彩的深浅程度。灰度传感器的主要工作原理是它使用两只二极管，一只为发白光的高亮度发光二极管，另一只为光敏探头。通过发光二极管发出超强白光照射在物体上，通过物体反射回来落在光电二极管上，由于受照射在它上面的光线强弱的影响，光电二极管的阻值在反射光线很弱（也就是物体为深色）时为几百千欧（kΩ），一般光照度下为几千欧（kΩ），在反射光线很强（也就是物体颜色很浅，几乎全反射时）为几十欧（Ω）。这样就能检测到物体颜色的灰度。

任务 7.2　ADC 底层驱动构件的使用

任务 7.2　ADC 底层驱动构件的使用

7.2.1　STM32L431 芯片的 ADC 引脚

STM32L431 芯片中的 ADC 模块可配置 12 位、10 位、8 位或 6 位采集精度，在本项目的程序中，一律使用 12 位采样精度。在 12 位精度下，转换速度在 0.2μs 左右，比这个采集精度小的转换速度快。对转换速度不敏感的应用系统，以采集精度为优先考量。

在 64 引脚封装的 STM32L431 芯片中，ADC 只有一个模块，即 ADC1。该模块有 19 个单端通道，其中有 3 个特殊通道：通道 0、通道 17 及通道 18，分别对应芯片参考电压引脚 VREF、内部温度传感器及 RTC 备用电池电源引脚 VBAT。其他通道供用户自行接入模拟量，这种情况下，MCU 引脚复用标识为 ADC1_IN$_x$（x=1,2,···,16），所对应的通道号及引脚名如表 7-1 所示。通道 1～16 不仅可以作为单端输入，也可编程为差分输入，作为差分输入时，后一通道的引脚与前一通道的引脚配对成一组差分引脚，编程时初始化对一个通道号的引脚为差分引脚，后一通道号的引脚自动与之配对。一般情况下，建议将通道 1 和 2，3 和 4，···，15 和 16 进行对应组合成差分输入通道，编程时通道号使用 1，3，···，15。通道 16 不能与后面通

笔 记

道组合成差分通道。

表 7-1　STM32L431 芯片 ADC1 模块通道号及引脚名

通道号	宏定义	MCU 引脚名	GEC 引脚号	单端	差分
0	ADC_CHANNEL_VREFINT	参考电压引脚 VREF		√	
1	ADC_CHANNEL_1	PTC0	47	√	√
2	ADC_CHANNEL_2	PTC1	46	√	
3	ADC_CHANNEL_3	PTC2	48	√	√
4	ADC_CHANNEL_4	PTC3	49	√	
5	ADC_CHANNEL_5	PTA0	45	√	√
6	ADC_CHANNEL_6	PTA1	44	√	
7	ADC_CHANNEL_7	PTA2	10	√	√
8	ADC_CHANNEL_8	PTA3	8	√	
9	ADC_CHANNEL_9	PTA4	40	√	√
10	ADC_CHANNEL_10	PTA5	21	√	
11	ADC_CHANNEL_11	PTA6	16	√	√
12	ADC_CHANNEL_12	PTA7	15	√	
13	ADC_CHANNEL_13	PTC4	7	√	√
14	ADC_CHANNEL_14	PTC5	6	√	
15	ADC_CHANNEL_15	PTB0	12	√	√
16	ADC_CHANNEL_16	PTB1	11	√	
17	ADC_CHANNEL_TEMPSENSOR	内部温度传感器		√	
18	ADC_CHANNEL_VBAT	RTC 备用电池电源 VBAT		√	

7.2.2　ADC 底层驱动构件头文件及使用方法

ADC 底层驱动构件由 adc.h 头文件和 adc.c 源文件组成，若要使用 ADC 底层驱动构件，只需将这两个文件添加到所建工程的 03_MCU \MCU_drivers 文件夹中，即可实现对 ADC 的操作。其中，adc.h 头文件主要包括相关头文件的包含、一些必要的宏定义、API 接口函数的声明；而 adc.c 源文件则是应用程序接口函数的具体实现，其内容可参阅..03_MCU\MCU_drivers\ adc.c 文件，需要结合 STM32L431 参考手册中的 ADC 模块信息和芯片头文件 STM32L431xx.h 进行分析，对初学者可不作要求。应用开发者只要熟悉 adc.h 头文件的内容，即可使用 ADC 底层驱动构件进行编程。

下面，给出 ADC 底层驱动构件头文件 adc.h 的内容。

```
//=====================================================================
//文件名称：adc.h
//框架提供：SD-EAI&IoT(sumcu.suda.edu.cn)
```

笔 记

```
//版本更新：20190920-20200420
//功能描述：STM32L431 芯片 A/D 转换头文件
//          采集精度 12 位
//======================================================================
#ifndef _ADC_H      //防止重复定义（开头）
#define _ADC_H
#include "string.h"
#include "mcu.h"    //包含公共要素头文件

//通道号宏定义
#define ADC_CHANNEL_VREFINT      0   //内部参考电压监测，需要使能 VREFINT 功能
#define ADC_CHANNEL_1            1   //通道 1
#define ADC_CHANNEL_2            2   //通道 2
…
#define ADC_CHANNEL_16           16  //通道 16
#define ADC_CHANNEL_TEMPSENSOR   17  //内部温度检测，需要使能 TEMPSENSOR
#define ADC_CHANNEL_VBAT         18  //电源监测 x，需要使能 VBAT
//引脚单端或差分选择
#define AD_DIFF     1               //差分输入
#define AD_SINGLE   0               //单端输入
//温度采集参数 AD_CAL2 与 AD_CAL1
#define   AD_CAL2   (*(uint16_t*) 0x1FFF75CA)
#define   AD_CAL1   (*(uint16_t*) 0x1FFF75A8)
//======================================================================
//函数名称：adc_init
//功能概要：初始化一个 A/D 通道号与采集模式
//参数说明：Channel：通道号，可选范围：ADC_CHANNEL_VREFINT(0)、
//            ADC_CHANNEL_x(1=<x<=16)、ADC_CHANNEL_TEMPSENSOR(17)、
//            ADC_CHANNEL_VBAT(18)
//          diff：输入模式选择，差分输入=1(AD_DIFF)，单端输入=0(AD_SINGLE);
//          通道 0、16、17、18 强制为单端输入，通道 1～15 可选择单端输入或差分输入
//======================================================================
void adc_init(uint16_t Channel, uint8_t Diff);

//======================================================================
```

笔 记

```
//函数名称：adc_read
//功能概要：将模拟量转换成数字量，并返回
//参数说明：Channel：通道号，可选范围：ADC_CHANNEL_VREFINT(0)、
//              ADC_CHANNEL_x(1=<x<=16)、ADC_CHANNEL_TEMPSENSOR(17)、
//              ADC_CHANNEL_VBAT(18)
//==================================================================
uint16_t adc_read(uint8_t Channel);

#endif
```

任务 7.3 简易数字电压表的设计

7.3.1 简易数字电压表的硬件电路组成和工作原理

图 7-2 给出了一种简易数字电压表的硬件电路，它由电位器、具有片内 ADC 模块的 MCU、显示器组成，其中电位器和 ADC 模块的参考电压 V_{REF} 引脚与 MCU 使用同一个电源供电。电位器的 A 端作为 ADC 模块的模拟输入引脚，MCU 通过 ADC 对 A 端的模拟电压进行 A/D 转换，根据 A/D 转换的结果可以计算出 A 端的电压值：

$$u_A = \frac{AD_{result}}{2^n} \times Vcc$$

式中，AD_{result} 为 A/D 转换结果对应的十进制数；n 是 ADC 的位数；Vcc 是电位器的供电电压，在这里也是 MCU 的供电电压，其具体电压值可用万用表测量出来。

MCU 在通过上述公式计算出 A 端的电压值后，将其计算结果送往显示器显示。当转动电位器的转柄时，A 端的电压发生变化，显示器显示的数值也将随之变化。

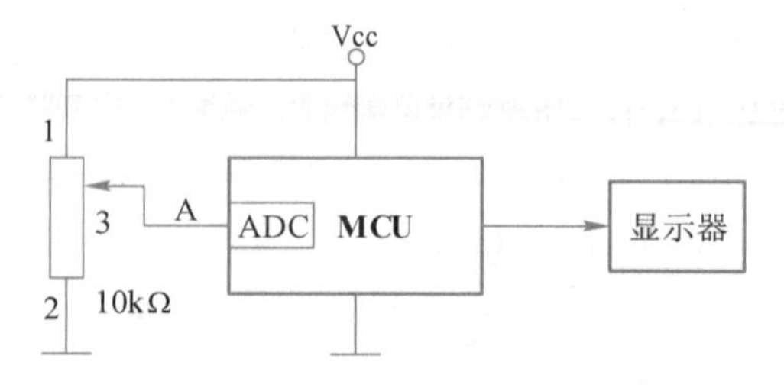

图 7-2 简易数字电压表的硬件电路

7.3.2　ADC 应用层程序设计与测试

笔 记

在表 2-9 所示的框架下，设计 07_NosPrg 中的文件，以实现 ADC 的功能。下面给出通过 UART 使用 printf 函数向计算机串口调试窗口输出 A/D 转换结果的参考程序。

```
//======================================================================
//文件名称：main.c（应用工程主函数）
//框架提供：SD-Arm（sumcu.suda.edu.cn）
//版本更新：20191108-20200419
//功能描述：见本工程的<01_Doc>文件夹下 Readme.txt 文件
//======================================================================
#define GLOBLE_VAR                  //宏定义全局变量
#include "includes.h"               //包含总头文件
//----------------------------------------------------------------------
//声明使用到的内部函数
//main.c 使用的内部函数声明处
void Delay_ms(uint16_t u16ms);      //延时函数声明
//----------------------------------------------------------------------
//主函数，一般情况下可以认为程序从此开始运行
int main(void)
{
    //（1）======启动部分
    //（1.1）声明 main 函数使用的局部变量
    uint32_t  mMainLoopCount;       //主循环次数变量
    uint8_t   mFlag;                //小灯的状态标志：'A'代表亮，'L'代表暗
    uint32_t  mCount;               //延时的次数
    uint32_t  mLightCount;          //小灯的状态切换（闪烁）次数
    uint16_t  num_AD1;              //ADC 转换值
    //（1.2）【不变】关总中断
    DISABLE_INTERRUPTS;
    //（1.3）给主函数使用的局部变量赋初值
    mMainLoopCount=0;               //主循环次数变量
    mFlag='A';                      //小灯的状态标志
    mLightCount=0;                  //小灯的状态切换（闪烁）次数
    mCount=0;                       //延时的次数
```

笔 记

```
    //（1.4）给全局变量赋初值

    //（1.5）用户外设模块初始化
    gpio_init(LIGHT_BLUE,GPIO_OUTPUT,LIGHT_ON);     //初始化蓝灯
    adc_init(ADC_CHANNEL_1, AD_SINGLE);              //初始化 ADC 通道 1
    uart_init(UART_User,115200);                     //初始化 UART
    //（1.6）使能模块中断

    //（1.7）【不变】开总中断
    ENABLE_INTERRUPTS;
//（1.8）向 PC 串口调试窗口输出信息
    printf("-----------------------------------------------------\n");
    printf("金葫芦提示：\n");
    printf("（1）目的：ADC 单端输入测试\n");
    printf("（2）测试方法：转动电位器的转柄，观察 A/D 转换结果变化情况\n");
    printf("-----------------------------------------------------\n");
    //（2）======主循环部分（开头）
    for(;;)
    {
        //（2.1）主循环次数变量+1
        mMainLoopCount++;
        //（2.2）未达到主循环次数设定值，继续循环
        //延时 1 秒
        if (mMainLoopCount<=3000000)   continue;
        //（2.3）达到主循环次数设定值，执行下列语句，进行小灯的亮暗处理
        //（2.3.1）清除循环次数变量
        mMainLoopCount=0;
        //（2.3.2）若小灯状态标志 mFlag 为'L'，则小灯的闪烁次数+1 并显示，改变小
        //灯状态及标志
        if (mFlag=='L')                              //判断小灯的状态标志
        {
            mLightCount++;
            mFlag='A';                               //小灯的状态标志
            gpio_set(LIGHT_BLUE,LIGHT_ON);           //小灯"亮"
            Delay_ms(1000);
```

笔 记

```
        }
        //（2.3.3）若小灯状态标志 mFlag 为'A'，则改变小灯状态及标志
        else
        {
            mFlag='L';                              //小灯的状态标志
            gpio_set(LIGHT_BLUE,LIGHT_OFF);         //小灯“暗”
            Delay_ms(1000);
        }
        num_AD1 = adc_read(ADC_CHANNEL_1);
        printf("通道 1(GEC47)的 A/D 转换值：  %d\r\n",num_AD1);
        mCount++;
    }
    //（2）======主循环部分（结尾）
}
//======以下为主函数调用的子函数存放处
//=====================================================================
//函数名称：Delay_ms
//函数返回：无
//参数说明：无
//功能概要：延时 - 毫秒级
//=====================================================================
void Delay_ms(uint16_t u16ms)
{
    uint32_t u32ctr;
    for(u32ctr = 0; u32ctr < 8000*u16ms; u32ctr++)
    {
        __ASM("NOP");
    }
}
```

在系统测试时，请读者首先准备好一只 10kΩ 的电位器，按照图 7-2，用 3 根杜邦线将电位器的 1、2、3 引脚分别连接实验板的 3.3V、GND、GEC47 引脚；然后按照 1.1.2 节介绍的步骤，将“..\\04-Software\XM07\ADC-STM32L431”工程导入集成开发环境 AHL-GEC-IDE，然后依次编译工程、连接 GEC，最后将工程目录下 Debug 文件夹中的.hex 文件下载至 MCU 中，单击“一键自动更新”按钮，等待程序自动更新完成。当更新完成后，程序将自动运行。观察小灯亮度

笔 记

的变化和计算机显示器界面显示情况。

在系统测试过程中时，可转动电位器的转柄，观察计算机显示器界面输出的 A/D 转换结果变化情况。

【拓展任务】

1. 若 ADC 的参考电压为 3.3V，要能区分 0.05mV 的电压，则采样位数至少为多少位？

2. 结合 7.3.1 节的简易数字电压表的硬件电路组成和工作原理，完善上述主程序，实现：通过 printf 函数向计算机串口调试窗口依次输出 A/D 转换结果及对应的电压值（其中，ADC 参考电压与 MCU 的供电电压相同，其实际值可通过万用表测量出来）。

3. 利用 ADC 对实验板的热敏电阻进行 A/D 转换，通过 printf 函数向计算机串口调试窗口依次输出 A/D 转换结果，并在改变热敏电阻的温度时，观察计算机输出结果的变化情况。

项目 8 SPI 串行通信的实现

项目导读：

串行外设接口（Serial Peripheral Interface，SPI）是一个 4 线制的具有主从设备概念全双工同步串行通信接口。在本项目中，首先学习 SPI 的通用知识，理解 SPI 的基本概念、传输原理和时序；然后学习 SPI 底层驱动构件的使用方法；最后学习 SPI 串行通信的应用层程序设计方法与测试方法。

任务 8.1 熟知 SPI 的通用知识

任务 8.1 熟知 SPI 的通用知识

8.1.1 SPI 的基本概念

SPI 是原摩托罗拉公司推出的一种同步串行通信接口，用于微处理器和外部扩展芯片之间的串行连接，已经发展成为一种工业标准。目前，各半导体公司推出了大量带有 SPI 接口的芯片，如 A/D 转换器、D/A 转换器、LCD 显示驱动器等。SPI 一般使用 4 条线：串行时钟线 SCK、主机输入/从机输出数据线 MISO、主机输出/从机输入数据线 MOSI 和从机选择线 NSS（$\overline{SS}$），如图 8-1 所示，图中略去 NSS 线。

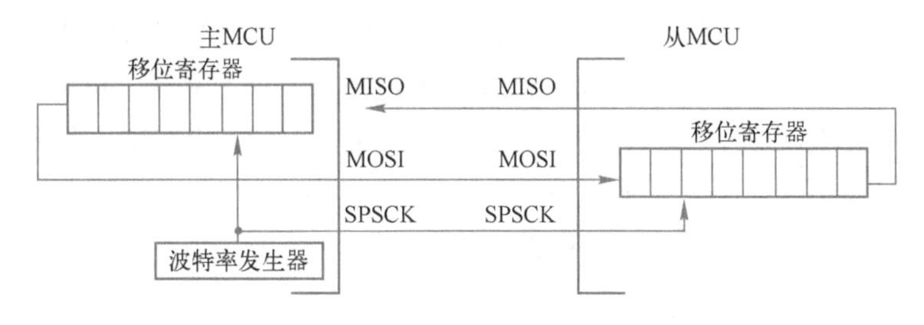

图 8-1 SPI 全双工主-从连接

（1）主机与从机

SPI 是一个全双工连接，即收发各用一条线，是典型的主机-从机（Master-Slave）系统。一个 SPI 系统，由一个主机和一个或多个从机构成，主机启动一个与从机的同步通信，从而完成数据的交换。提供 SPI 串行时钟的 SPI 设备称为

笔 记

SPI 主机或主设备（Master），其他设备则称为 SPI 从机或从设备（Slave）。在 MCU 扩展外设结构中，仍使用主机-从机（Master-Slave）概念，此时 MCU 必须工作于主机方式，外设工作于从机方式。

（2）主出/从入引脚（MOSI）与主入/从出引脚（MISO）

主出/从入引脚（Master Out/Slave In，MOSI）是主机输出、从机输入数据线。当 MCU 被设置为主机方式时，主机送往从机的数据从该引脚输出。当 MCU 被设置为从机方式时，来自主机的数据从该引脚输入。

主入/从出引脚（Master In/Slave Out，MISO）是主机输入、从机输出数据线。当 MCU 被设置为主机方式时，来自从机的数据从该引脚输入主机。当 MCU 被设置为从机方式时，送往主机的数据从该引脚输出。

（3）SPI 串行时钟引脚 SCK

SCK 是 SPI 主器件的串行时钟输出引脚以及 SPI 从器件的串行时钟输入引脚，用于控制主机与从机之间的数据传输。串行时钟信号由主机的内部总线时钟分频获得，主机的 SCK 引脚输出给从机的 SCK 引脚，控制整个数据的传输速度。在主机启动一次传送的过程中，从 SCK 引脚输出自动产生的 8 个时钟周期信号，SCK 信号的一个跳变进行一位数据移位传输。

（4）时钟极性与时钟相位

时钟极性表示时钟信号在空闲时是高电平还是低电平。时钟相位表示时钟信号 SCK 的第一个边沿出现在第一位数据传输周期的开始位置还是中央位置。

（5）从机选择引脚 NSS

一些芯片带有从机选择引脚 NSS（$\overline{SS}$），也称为片选引脚。若一个 MCU 的 SPI 工作于主机方式，则该 MCU 的 NSS 引脚为高电平。若一个 MCU 的 SPI 工作于从机方式，当 NSS 引脚为低电平时，则表示主机选中了该从机，反之则未选中该从机。对于单主单从（One Master and One Slave）系统，可以采用图 8-1 所示的连接方法。对于一个主机 MCU 带多个从机 MCU 的系统，主机 MCU 的 NSS 引脚接高电平，每一个从机 MCU 的 NSS 引脚接主机的 I/O 输出线，由主机控制其电平的高低，以便主机选中该从机。

8.1.2 SPI 的数据传输原理和时序

1. SPI 的数据传输原理

在图 8-1 中，移位寄存器为 8 位，所以每个工作过程传送 8 位数据。从主机 CPU 发出启动传输信号开始，将要传送的数据装入 8 位移位寄存器，并同时产生 8 个时钟信号依次从 SCK 引脚送出，在 SCK 信号的控制下，主机中 8 位移位

笔 记

寄存器中的数据依次从 MOSI 引脚送出至从机的 MOSI 引脚，并送入从机的 8 位移位寄存器。在此过程中，从机的数据也可通过 MISO 引脚传送到主机中。所以，该过程称为全双工主-从连接（Full-Duplex Master-Slave Connections），其数据的传输格式是高位（MSB）在前，低位（LSB）在后。

图 8-1 是一个主 MCU 和一个从 MCU 的连接，也可以是一个主 MCU 与多个从 MCU 进行连接形成一个主机多个从机的系统；还可以是多个 MCU 互连构成多主机系统；另外也可以是一个 MCU 挂接多个从属外设。但是，SPI 系统最常见的应用是利用一个 MCU 作为主机，其他处于从机地位。这样，主机程序启动并控制数据的传送和流向，在主机的控制下，从机设备从主机读取数据或向主机发送数据。至于传送速度、何时数据移入移出、一次移动完成是否中断和如何定义主机从机等问题，可通过对寄存器编程来解决，下文将阐述这些问题。

2. SPI 的时序

SPI 的数据传输是在时钟信号 SCK（同步信号）的控制下完成的。数据传输过程涉及时钟极性与时钟相位设置问题。以下讲解使用 CPOL 描述时钟极性，使用 CPHA 描述时钟相位。主机和从机必须使用同样的时钟极性与时钟相位，才能正常通信。对发送方编程必须明确 3 点：①接收方要求的时钟空闲电平是高电平还是低电平；②接收方在时钟的上升沿取数还是下降沿取数；③采样数据是在第 1 个时钟边沿还是第 2 个时钟边沿。总体要求是：确保发送数据在一个周期开始的时刻上线，接收方在 1/2 周期的时刻从线上取数，这是最稳定的通信方式。据此，设置时钟极性与时钟相位。只有正确配置时钟极性和时钟相位，数据才能够被准确接收。因此，必须严格对照从机 SPI 接口的要求来正确配置主从机的时钟极性和时钟相位。

关于时钟极性与时钟相位的选择，有 4 种可能情况，如图 8-2 所示。

1）下降沿取数，空闲电平为低电平，CPHA=1，CPOL=0。若空闲电平为低电平，则接收方在时钟的下降沿取数，从第 2 个时钟边沿开始采样数据。在时钟信号的一个周期结束后（下降沿），时钟信号又为低电平，下一位数据又开始上线，再重复上述过程，直到 1 字节的 8 位信号传输结束。用 CPHA =1 表示从第 2 个时钟边沿开始采样数据，CPHA=0 表示在第 1 个时钟边沿开始采样数据；用 CPOL =0 表示空闲电平为低电平，CPOL=1 表示空闲电平为高电平。

2）上升沿取数，空闲电平为高电平，CPHA=1，CPOL=1。若空闲电平为高电平，则接收方在同步时钟信号的上升沿时采样数据，且从第 2 个时钟边沿开始采样数据。

笔 记

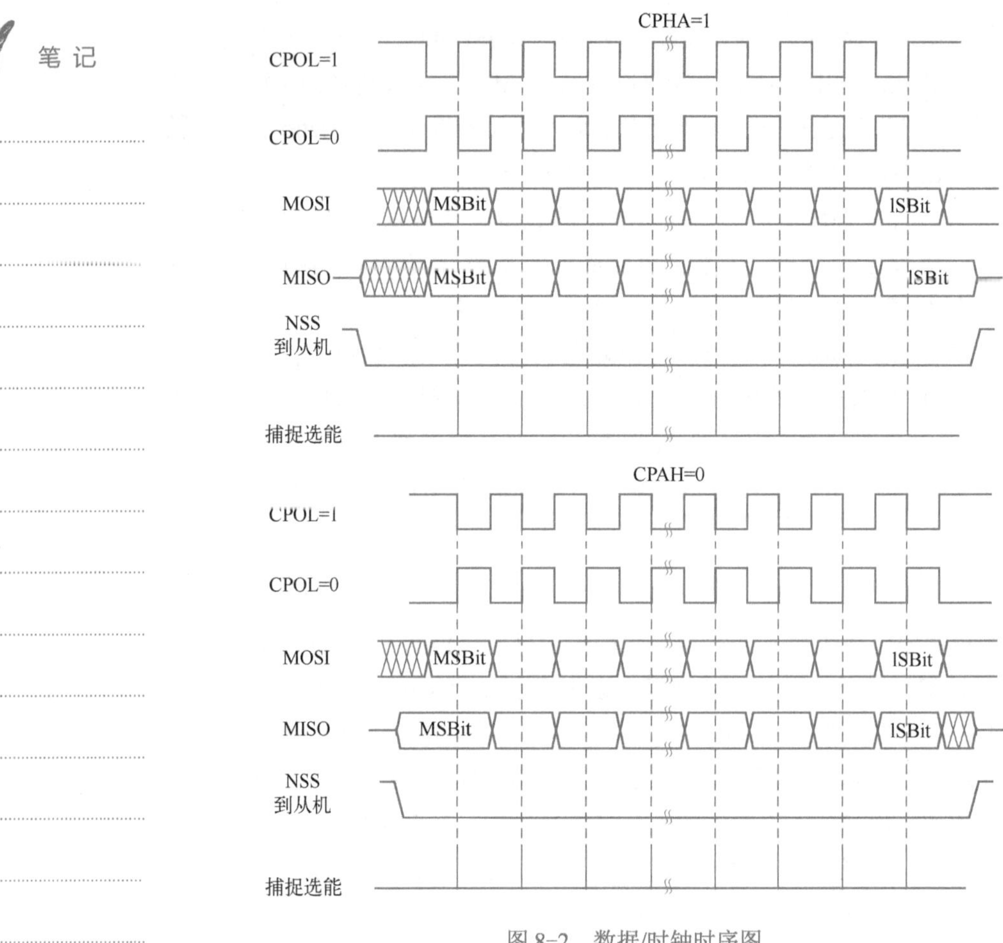

图 8-2 数据/时钟时序图

3）上升沿取数，空闲电平为低电平，CPHA=0，CPOL=0。若空闲电平为低电平，则接收方在时钟的上升沿取数，在第 1 个时钟边沿开始采样数据。

4）下降沿取数，空闲电平为高电平，CPHA=0，CPOL=1。若空闲电平为高电平，则接收方在时钟的下降沿取数，在第 1 个时钟边沿开始采样数据。

任务 8.2 SPI 底层驱动构件的使用

任务 8.2 SPI 底层驱动构件的使用

8.2.1 STM32L431 的 SPI 引脚

STM32L431 芯片内部具有 3 个 SPI 模块，分别是 SPI1、SPI2 和 SPI3。表 8-1 给出了 SPI 模块使用的引脚，编程时可以使用宏定义确定。

笔 记

表 8-1　SPI 实际使用的引脚

GEC 引脚号	MCU 引脚名	第一功能	第二功能
48	PTC2	SPI2_MISO	
49	PTC3	SPI2_MOSI	
44	PTA1	SPI1_SCK	
40	PTA4	SPI1_NSS	SPI3_NSS
21	PTA5	SPI1_SCK	
16	PTA6	SPI1_MISO	
15	PTA7	SPI1_MOSI	
12	PTB0	SPI1_NSS	
39	PTB10	SPI2_SCK	
31	PTB12	SPI2_NSS	
30	PTB13	SPI2_SCK	
28	PTB14	SPI2_MISO	
29	PTB15	SPI2_MOSI	
71	PTA11	SPI1_MISO	
70	PTA12	SPI1_MOSI	
22	PTA15	SPI1_NSS	SPI3_NSS
14	PTC10	SPI3_SCK	
13	PTC11	SPI3_MISO	
61	PTC12	SPI3_MOSI	
23	PTB3	SPI1_SCK	SPI3_SCK
24	PTB4	SPI1_MISO	SPI3_MISO
25	PTB5	SPI1_MOSI	SPI3_MOSI
54	PTB9	SPI2_NSS	

8.2.2　SPI 底层驱动构件头文件及使用方法

SPI 底层驱动构件由 spi.h 头文件和 spi.c 源文件组成，若要使用 SPI 底层驱动构件，只需将这两个文件添加到所建工程的 03_MCU \MCU_drivers 文件夹中，即可实现对 SPI 的操作。其中，spi.h 头文件主要包括相关头文件的包含、一些必要的宏定义、API 接口函数的声明；而 spi.c 源文件则是应用程序接口函数的具体实现，其内容可参阅..03_MCU\MCU_drivers\spi.c 文件，需要结合 STM32L431 参考手册中的 SPI 模块信息和芯片头文件 STM32L431xx.h 进行分析，对初学者可不作要求。应用开发者只要熟悉 spi.h 头文件的内容，即可使用 SPI 底层驱动构件进行编程。

下面，给出 SPI 底层驱动构件头文件 spi.h 的内容。

```
//===========================================================================
```

笔 记

```
//文件名称：spi.h
//功能概要：SPI 底层构件头文件
//制作单位：SD-EDI&IoT Lab.(sumcu.suda.edu.cn)
//版    本：2020-11-06  V2.0
//适用芯片：STM32L431
//==========================================================================
#ifndef _SPI_H              //防止重复定义（开头）
#define _SPI_H

#include "string.h"
#include "mcu.h"

#define SPI_1   0    //PTA5,PTA6,PTA7,PTA15 分别作为 SPI 的 SCK,MISO,MOSI,NSS
#define SPI_2   1    //PTB13,PTB14,PTB15,PTB12 分别作为 SPI 的 SCK,MISO,MOSI,NSS
#define SPI_3   2    //暂时保留
#define SPI_MASTER  1   //主机
#define SPI_SLAVE   0   //从机
//==========================================================================
//函数名称：spi_init
//功能说明：SPI 初始化
//函数参数：No：模块号
//         MSTR：SPI 主从机选择，0 选择为从机，1 选择为主机
//         BaudRate：波特率，可取 12000、6000、3000、1500、750、375，单位：kbit/s
//         CPOL：CPOL=0： SPI 时钟高有效；CPOL=1： SPI 时钟低有效
//         CPHA：CPHA=0 相位为 0；  CPHA=1 相位为 1
//函数返回：无
//==========================================================================
void spi_init(uint8_t No,uint8_t MSTR,uint16_t BaudRate,uint8_t CPOL,uint8_t CPHA);

//==========================================================================
//函数名称：spi_send1
//功能说明：SPI 发送 1 字节数据
//函数参数：No：模块号
//           data：需要发送的 1 字节数据
//函数返回：0：发送失败；1：发送成功
```

笔 记

```
//===========================================================================
uint8_t spi_send1(uint8_t No,uint8_t data);

//===========================================================================
//函数名称：spi_sendN
//功能说明：SPI 发送数据
//函数参数：No：模块号
//          n:   要发送的字节个数，范围为 1～255
//          data[]:所发数组的首地址
//函数返回：无
//===========================================================================
uint8_t spi_sendN(uint8_t No,uint8_t n,uint8_t data[]);

//===========================================================================
//函数名称：spi_receive1
//功能说明：SPI 接收 1 字节的数据
//函数参数：No：模块号
//函数返回：接收到的数据
//===========================================================================
uint8_t spi_receive1(uint8_t No);

//===========================================================================
//函数名称：spi_receiveN
//功能说明：SPI 接收数据。当 n=1 时，就是接收 1 字节的数据；…
//函数参数：No：模块号
//          n:   要发送的字节个数，范围为 1～255
//          data[]:接收到的数据存放的首地址
//函数返回：1：接收成功；其他情况：失败
//===========================================================================
uint8_t spi_receiveN(uint8_t No,uint8_t n,uint8_t data[]);

//===========================================================================
//函数名称：spi_enable_re_int
//功能说明：打开 SPI 接收中断
//函数参数：No：模块号
//函数返回：无
//===========================================================================
```

笔 记

```
void spi_enable_re_int(uint8_t No);

//======================================================================
//函数名称：spi_disable_re_int
//功能说明：关闭 SPI 接收中断
//函数参数：No：模块号
//函数返回：无
//======================================================================
void spi_disable_re_int(uint8_t No);

#endif              //防止重复定义（结尾）
```

任务 8.3 SPI 串行通信的应用层程序设计与测试

8.3.1 SPI 串行通信的应用层程序设计

现以 STM32L431 中同一个芯片的 SPI_1（作为主机）和 SPI_2（作为从机）之间的通信为例，说明 SPI 通信的应用层程序设计方法。其中，SPI_1 使用 PTA5、PTA6、PTA7、PTA15 分别作为 SPI 的 SCK、MISO、MOSI、NSS 引脚，SPI_2 使用 PTB13、PTB14、PTB15、PTB12 分别作为 SPI 的 SCK、MISO、MOSI、NSS 引脚。

在表 2-9 所示的框架下，设计 07_NosPrg 中的文件，以实现 SPI 通信的功能。下面给出通过 UART 使用 printf 函数向计算机串口调试窗口输出 SPI 通信结果的参考程序。

1．主程序源文件 main.c

```
//======================================================================
//文件名称：main.c（应用工程主函数）
//框架提供：SD-ARM（sumcu.suda.edu.cn）
//版本更新：20191108
//功能描述：见本工程的<01_Doc>文件夹下 Readme.txt 文件
//======================================================================
#define GLOBLE_VAR
#include "includes.h"        //包含总头文件
```

笔 记

```
//----------------------------------------------------------------------
//声明使用到的内部函数
//main.c 使用的内部函数声明处

//----------------------------------------------------------------------
//主函数，一般情况下可以认为程序从此开始运行
int main(void)
{
    //（1）======启动部分
    //（1.1）声明 main 函数使用的局部变量
    uint32_t mMainLoopCount;                                  //主循环次数变量
    uint8_t send_data[11]={'S','P','I','-','T','e','s','t','!','\r','\n'};   //SPI 发送数据
    //（1.2）【不变】关总中断
    DISABLE_INTERRUPTS;
   //（1.3）给主函数使用的局部变量赋初值
   mMainLoopCount=0;                                          //主循环次数变量
   //（1.4）给全局变量赋初值

   //（1.5）用户外设模块初始化
    gpio_init(LIGHT_BLUE, GPIO_OUTPUT, LIGHT_OFF);            //初始化蓝灯
    uart_init(UART_User, 115200);                             //初始化 UART
    spi_init(SPI_1, SPI_MASTER, 6000, 0, 0);                  //初始化 SPI1，主机模式
    spi_init(SPI_2, SPI_SLAVE, 6000, 0, 0);                   //初始化 SPI2，从机模式
    //（1.6）使能模块中断
    spi_enable_re_int(SPI_2);                                 //使能 SPI_2 接收中断
   //（1.7）【不变】开总中断
    ENABLE_INTERRUPTS;
   //（1.8）向 PC 串口调试窗口输出信息
    printf("金葫芦提示：请打开 readme 查看测试工程功能！ \r\n");
    printf("金葫芦提示：SPI 构件测试开始！ \r\n");
    printf("金葫芦提示：主机开始向从机发送消息\r\n");
    printf("金葫芦提示：请打开 User 串口查看 SPI 发送的数据\r\n");
   //（2）======主循环部分
    for(;;)
    {
```

笔 记

```
        //（2.1）主循环次数变量+1
        mMainLoopCount++;
        if(mMainLoopCount<=20000000) continue;
        mMainLoopCount=0;
        gpio_reverse(LIGHT_BLUE);              //蓝灯闪烁
        printf("SPI 发送开始！ \r\n");
        spi_sendN(SPI_1, 11, send_data);       //通过 SPI1 发送 11 字节数据
        printf("SPI 发送结束！ \r\n\n");
    }
}
```

2. 中断服务程序源文件 isr.c

```
//======================================================================
//程序名称：SPI2 中断服务程序
//触发条件：SPI2 接收到数据
//======================================================================
void SPI2_IRQHandler(void)
{
    uint8_t ch;
    DISABLE_INTERRUPTS;            //关总中断
    //------------------------------------------------------------------
    //接收数据
    ch = spi_receive1(SPI_2);      //接收到的字符赋给 ch
    uart_send1(UART_User,ch);      //通过串口 2 回发接收到的数据
    //------------------------------------------------------------------
    ENABLE_INTERRUPTS;             //开总中断
}
```

8.3.2 SPI 串行通信的应用层程序测试

由于 SPI_1 和 SPI_2 是单主单从系统，因此在系统测试时，从机选择引脚 NSS 不用连接，只需将主从机的 SCK、MISO、MOSI 连接，即将板上的 PTA5（GEC21）、PTA6（GEC16）、PTA7（GEC15）引脚分别与 PTB13（GEC30）、PTB14（GEC28）、PTB15（GEC29）引脚进行连接。然后按照 1.1.2 节介绍的步骤，将“..\\04-Software\XM08\SPI-STM32L431”工程导入集成开发环境 AHL-

GEC-IDE，然后依次编译工程、连接 GEC，最后将工程目录下 Debug 文件夹中的.hex 文件下载至 MCU 中，单击“一键自动更新”按钮，等待程序自动更新完成。当更新完成之后，程序将自动运行。观察小灯亮度的变化和计算机显示器界面显示情况。

最后需要说明的是，SPI 除了以上给出的功能示例外，还有 4 线模式，这些硬件具有可选功能，读者可以根据使用需要，自行配置。对 SPI 的通信方面来说，硬件和底层驱动只能提供最基本的功能。然而，要想真正实现两个 SPI 对象之间的流畅通信，还需设计基于 SPI 的高层通信协议。

【拓展任务】

1．简述 SPI 数据传输过程。

2．利用两块实验板实现主机和从机之间的 SPI 通信，主机 SPI 通过串口调试工具获取待发送的字符串，并将该字符串向从机 SPI 发送，从机接收到主机发送来的数据后，发送到计算机串口调试窗口显示。

项目 9　I^2C 串行通信的实现

项目导读：

集成电路互联（Inter-Integrated Circuit，I^2C）总线采用双向 2 线制串行数据传输方式。在本项目中，首先学习 I^2C 的通用知识，需要熟知 I^2C 的历史概况与特点、硬件相关术语与典型硬件电路，理解 I^2C 总线数据通信协议；然后学习 I^2C 底层驱动构件的使用方法；最后学习 I^2C 串行通信的应用层程序设计方法与测试方法。

任务 9.1　熟知 I^2C 的通用知识

任务 9.1　熟知 I^2C 的通用知识

I^2C 总线主要用于同一电路板内各集成电路（Inter-Integrated，IC）模块之间的连接。I^2C 采用双向 2 线制串行数据传输方式，支持所有 IC 的制造工艺，简化了 IC 之间的通信连接。I^2C 是 PHILIPS 公司于 20 世纪 80 年代初提出的，其后 PHILIPS 公司和其他厂商提供了种类丰富的 I^2C 兼容芯片。目前 I^2C 总线标准已经成为世界性的工业标准。

9.1.1　I^2C 总线的历史概况与特点

1992 年，PHILIPS 首次发布 I^2C 总线规范 Version1.0，1998 年发布 I^2C 总线规范 Version2.0，标准模式传输速率为 100kbit/s，快速模式 400kbit/s，I^2C 总线也由 7 位寻址发展到 10 位寻址。2001 年发布了 I^2C 总线规范 Version2.1，传输速率可达 3.4Mbit/s。I^2C 总线始终和先进技术保持同步，并保持向下兼容。

I^2C 总线在硬件结构上采用数据线和时钟线两根线来完成数据的传输及外部器件的扩展，数据线和时钟线都是开漏的，通过一个上拉电阻接到正电源，因此在不需要时仍保持高电平。任何具有 I^2C 总线接口的外部器件，不论其功能差别有多大，都具有相同的电气接口，都可以挂接在 I^2C 总线上，甚至可在总线工作状态下撤除或挂上，使其连接方式变得十分简单。对各器件的寻址是软寻址方式，因此总线节点不需要片选线，器件地址完全取决于器件类型与单元结构，这也简化了 I^2C 系统的硬件连接。另外，I^2C 总线能在总线竞争过程中进行总线控

笔 记

制权的仲裁和时钟同步，不会造成数据丢失。因此，由 I^2C 总线连接的多机系统可以是一个多主机系统。

I^2C 主要有如下 4 个特点。

1）在硬件上，2 线制的 I^2C 串行总线使得各 IC 只需要最简单的连接，而且总线接口都集成在 IC 中，不需要另加总线接口电路。电路的简化省去了电路板上的大量走线，减少了电路板的面积，提高了可靠性，降低了成本。在 I^2C 总线上，各 IC 除了个别中断引线外，相互之间没有其他连线，用户常用的 IC 基本上与系统电路无关，故极易形成用户自己的标准化、模块化设计。

2）I^2C 总线支持多主控（multi-mastering），如果两个或更多主机同时初始化数据传输，可以通过冲突检测和仲裁防止数据被破坏。其中，任何能够进行发送和接收的设备都可以成为主机。一个主机能够控制信号的传输和时钟频率，当然在任何时间点上只能有一个主机。

3）串行的 8 位双向数据传输位速率在标准模式下可达 100kbit/s，快速模式下可达 400kbit/s，高速模式下可达 3.4Mbit/s。

4）连接到相同总线的 IC 数量只受到总线最大电容（400pF）的限制。但是，如果在总线中加上 82B715 总线远程驱动器可以把总线电容限制扩展十倍，传输距离可增加到 15m。

9.1.2 I^2C 总线硬件相关术语与典型硬件电路

1. I^2C 总线硬件相关术语

（1）主机（主控器）

在 I^2C 总线中，主机是提供时钟信号，对总线时序进行控制的器件。主机负责总线上各个设备信息的传输控制，检测并协调数据的发送和接收。主机对整个数据传输具有绝对的控制权，其他设备只对主机发送的控制信息做出响应。如果在 I^2C 系统中只有一个 MCU，那么通常由 MCU 担任主机。

（2）从机（被控器）

在 I^2C 系统中，除主机外的其他设备均为从机。主机通过从机地址访问从机，对应的从机做出响应，与主机通信。从机之间无法通信，任何数据传输都必须通过主机进行。

（3）地址

每个 I^2C 器件都有自己的地址，以供自身在从机模式下使用。在标准的 I^2C 系统中，从机地址被定义成 7 位（扩展 I^2C 允许 10 位地址）。全零的地址（如 0000000B）一般用于发出总线广播。

笔记

（4）发送器与接收器

发送数据到总线的器件被称为发送器；从总线接收数据的器件被称为接收器。

（5）SDA 与 SCL

串行数据线（Serial DAta，SDA），串行时钟线（Serial CLock，SCL）。

2. I²C 典型硬件电路

I²C 的典型硬件电路如图 9-1 所示，这是一个 MCU 作为主机，通过 I²C 总线带 3 个从机的单主机 I²C 总线硬件系统。图 9-1 是最常用、最典型的 I²C 总线连接方式。注意：连接时需要共地。

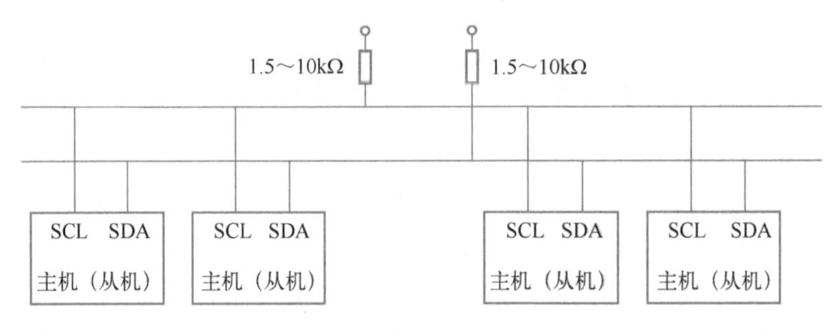

图 9-1　I²C 的典型连接

在物理结构上，I²C 系统由一条串行数据线（SDA）和一条串行时钟线（SCL）组成。SDA 和 SCL 引脚都是漏极开路输出结构，因此在实际使用时，SDA 和 SCL 线都必须加上拉电阻 Rp（Pull-Up Resistor）。上拉电阻的阻值一般为 1.5～10kΩ，接 3.3V 电源即可与 3.3V 逻辑器件接口相连接。主机按一定的通信协议向从机寻址并进行信息传输。在数据传输时，由主机初始化一次数据传输，主机使数据在 SDA 线上传输的同时还通过 SCL 线传输时钟信号。信息传输的对象和方向以及信息传输的开始和终止均由主机决定。

每个器件都有唯一的地址，且可以是单接收的器件（如 LCD 驱动器），或者是既可以接收也可以发送的器件（如存储器）。发送器或接收器可在主机或从机模式下操作。

9.1.3　I²C 总线数据通信协议

1. I²C 总线上数据的有效性

I²C 总线以串行方式传输数据，从数据字节的最高位开始传送，每个数据位在 SCL 上都有一个时钟脉冲相对应。在一个时钟周期内，当时钟线为高电平时，数据线上必须保持稳定的逻辑电平状态，高电平为数据 1，低电平为数据

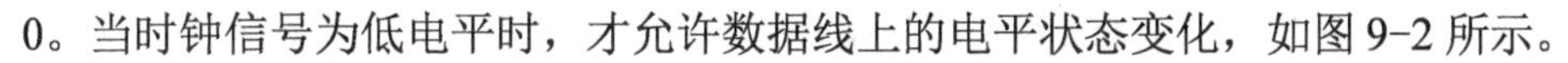

笔 记

0。当时钟信号为低电平时，才允许数据线上的电平状态变化，如图 9-2 所示。

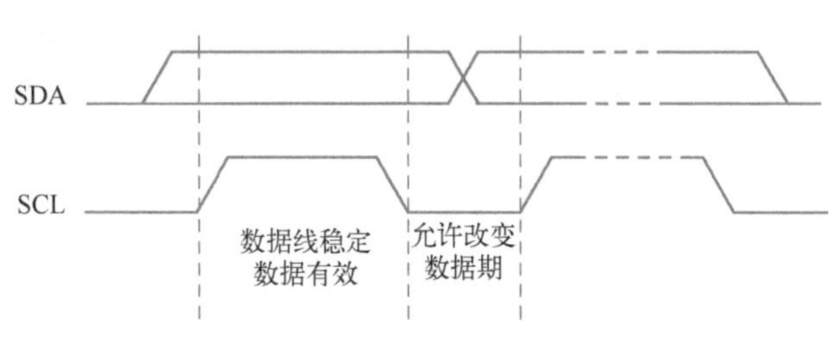

图 9-2　I²C 总线上数据的有效性

2. I²C 总线上的信号类型

I²C 总线在传送数据过程中共有 4 种类型的信号，分别是开始信号、停止信号、重新开始信号和应答信号，其中，前 3 种信号如图 9-3 所示。

开始信号（START）：当 SCL 为高电平时，SDA 由高电平向低电平跳变，产生开始信号。当总线空闲时（例如，没有主动设备在使用总线，即 SDA 和 SCL 都处于高电平），主机通过发送开始信号（START）建立通信。

停止信号（STOP）：当 SCL 为高电平时，SDA 由低电平向高电平的跳变，产生停止信号。主机通过发送停止信号，结束时钟信号和数据通信。SDA 和 SCL 都将被复位为高电平状态。

重新开始信号（Repeated START）：由主机发送一个开始信号启动一次通信后，在首次发送停止信号之前，主机通过发送重新开始信号，可以转换与当前从机的通信模式，或是切换到与另一个从机通信。当 SCL 为高电平时，SDA 由高电平向低电平跳变，产生重新开始信号，它的本质就是一个开始信号。

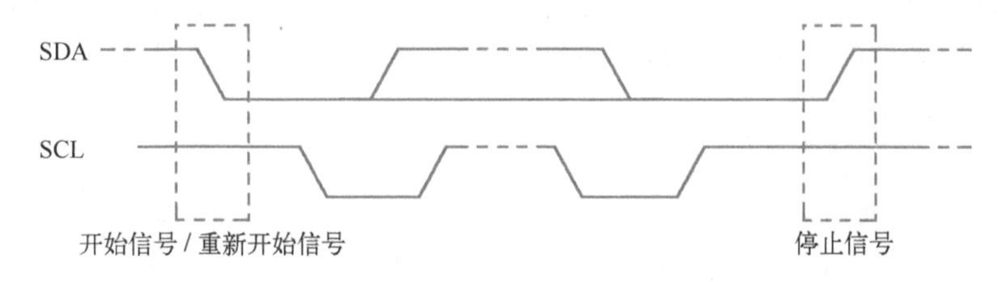

图 9-3　开始信号、重新开始信号和停止信号

应答信号（A）：接收数据的 IC 在接收到 8 位数据后，向发送数据的主机 IC 发出特定的低电平脉冲。每字节数据后面都要跟随一位应答信号，表示已收到数据。应答信号是在发送了 8 个数据位后，第 9 个时钟周期出现的，这时发送器必须在这一时钟位上释放数据线，由接收设备拉低 SDA 电平来产生应答信号，或者由接收设备保持 SDA 的高电平来产生非应答信号，如图 9-4 所示。所以，一个完整的字节数据传输需要 9 个时钟脉冲。如果从机作为接收方，向主机发送非

笔 记

应答信号，这样主机方就认为此次数据传输失败；如果是主机作为接收方，在从机发送器发送完 1 字节数据后，发送了非应答信号表示数据传输结束，并释放 SDA 线。不论是以上哪种情况都会终止数据传输，这时主机或是产生停止信号释放总线，或是产生重新开始信号，从而开始一次新的通信。

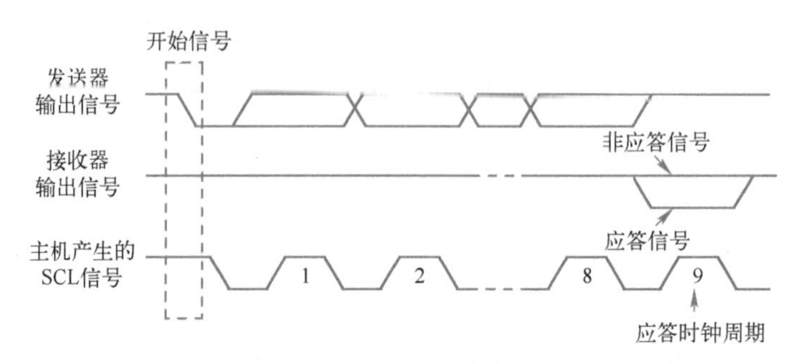

图 9-4　I^2C 总线的应答信号

开始信号、重新开始信号和停止信号都是由主控制器产生的，应答信号由接收器产生，总线上带有 I^2C 总线接口的器件很容易检测到这些信号。但是，对于不具备这些硬件接口的 MCU 来说，为了能准确地检测到这些信号，必须保证在 I^2C 总线的一个时钟周期内对数据线至少进行两次采样。

3. I^2C 总线上的数据传输格式

一般情况下，一个标准的 I^2C 通信由 4 部分组成：开始信号、从机地址传输、数据传输和结束信号，如图 9-5 所示。主机发送一个开始信号，启动一次 I^2C 通信，主机对从机寻址，然后在总线上传输数据。I^2C 总线上传送的每字节均为 8 位，首先发送的数据位为最高位，每传送 1 字节数据后都必须跟随一个应答位，每次通信的数据字节数是没有限制的；在全部数据传送结束后，由主机发送停止信号结束通信。

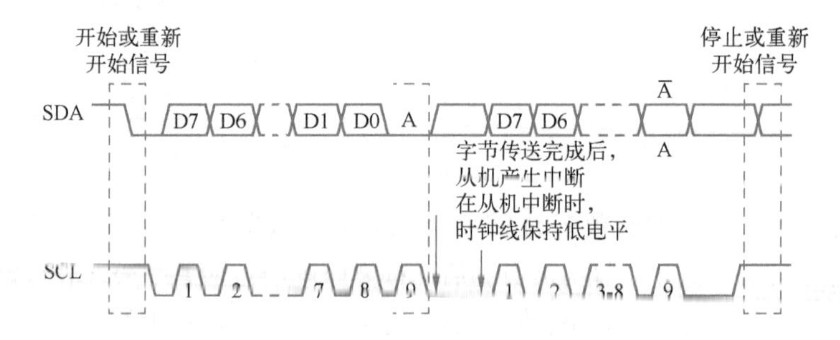

图 9-5　I^2C 总线的数据传输格式

时钟线为低电平时，数据传送将停止进行。这种情况可以用于当接收器接收到 1 字节数据后要进行一些其他工作而无法立即接收下一个数据时，迫使总线进入等待状态，直到接收器准备好接收新数据时，接收器再释放时钟线使数据传送得以继续正常进行。例如，当接收器接收完主控制器的1字节数据后，产生中断信号并进行中断处理，中断处理完毕才能接收下一字节数据。这时，接收器在中断处理时将控制SCL为低电平，直到中断处理完毕才释放SCL。

笔 记

4. I²C总线寻址约定

I²C总线上的器件一般有两个地址：受控地址和通用广播地址，每个器件有唯一的受控地址，用于定点通信；而相同的通用广播地址则用于主控方对所有器件进行访问。为了消除I²C总线系统中主控器与被控器的地址选择线，最大限度地简化总线连接线，I²C总线采用了独特的寻址约定，规定了起始信号后的第一字节为寻址字节，用来寻址被控器件，并规定数据传送方向。

在I²C总线系统中，寻址字节由被控器的7位地址位（D7～D1位）和1位方向位（D0位）组成。方向位为0时，表示主控器将数据写入被控器，为1时表示主控器从被控器读取数据。主控器发送起始信号后，立即发送寻址字节，这时总线上的所有器件都将寻址字节中的7位地址与自己器件地址比较。如果两者相同，则该器件认为能被主控器寻址，并发送应答信号，被控器根据数据方向位（R/W）确定自身是发送器还是接收器。

MCU类型的外部器件作为被控器时，其7位从机地址在I²C总线地址寄存器中设定；而非MCU类型的外部器件地址完全由器件类型与引脚电平给定。I²C总线系统中，没有两个从机的地址是相同的。

通用广播地址可用来同时寻址所有连接到I²C总线上的设备，通常在多个MCU之间用I²C进行通信时使用。如果一个设备在广播地址时不需要数据，它可以不产生应答来忽略。如果一个设备从通用广播地址请求数据，它可以应答并当作一个从接收器。当一个或多个设备响应时，主机并不知道有多少个设备应答。每个可以处理这个数据的从接收器可以响应第二字节。从机不处理这些字节的话，可以响应非应答信号。如果一个或多个从机响应，则主机就无法看到非应答信号。通用广播地址的含义一般在第二字节中指明。

5. 主机向从机读/写1字节数据的过程

（1）主机向从机写1字节数据的过程

主机要向从机写1字节数据时，主机首先产生START信号，然后紧跟着发送一个从机地址（7位），查询相应的从机，紧接着的第8位是数据方向位（R/W），0表示主机发送数据（写），这时主机等待从机的应答信号（A）。当主机收到应答信号时，发送给从机一个位置参数，告诉从机主机的数据在从机接收数组中存放的位置，然后继续等待从机的应答信号，当主机收到应答信号时，发

笔记

送 1 字节的数据，继续等待从机的应答信号。当主机收到应答信号时，产生停止信号，结束传送过程。主机向从机写数据的过程如图 9-6 所示。

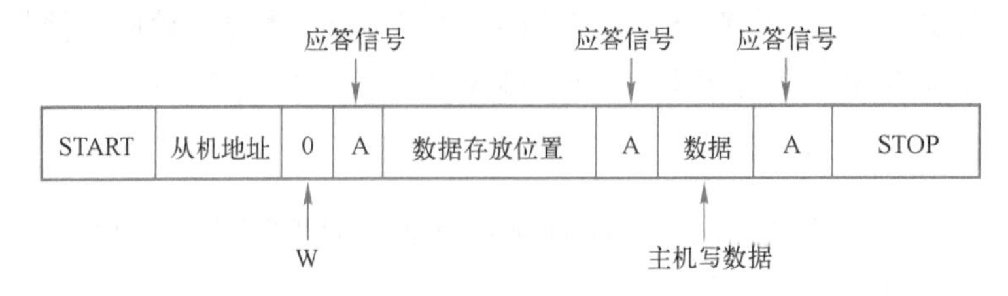

图 9-6　主机向从机写数据

（2）主机从从机读 1 字节数据的过程

当主机要从从机读 1 字节数据时，主机首先产生 START 信号，然后紧跟着发送一个从机地址，查询相应的从机。注意：此时该地址的第 8 位为 0，表明是向从机写命令。这时，主机等待从机的应答信号（A），当主机收到应答信号时，发送给从机一个位置参数，告诉从机主机预接收的数据在从机数据存储区中存放的位置，继续等待从机的应答信号。当主机收到应答信号后，主机要改变通信模式（主机将由发送模式变为接收模式，从机将由接收模式变为发送模式），所以主机发送重新开始信号，然后紧跟着发送一个从机地址。注意：此时该地址的第 8 位为 1，表明将主机设置成接收模式开始读取数据。这时，主机等待从机的应答信号，当主机收到应答信号时，就可以接收 1 字节的数据。当接收完成后，主机发送非应答信号，表示不再接收数据，主机进而产生停止信号，结束传送过程。主机从从机读数据的过程如图 9-7 所示。

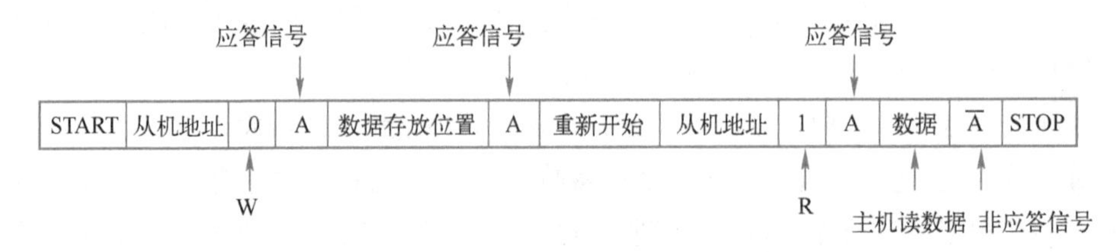

图 9-7　主机从从机读数据的过程

任务 9.2　I²C 底层驱动构件的使用

任务 9.2　I²C 底层驱动构件的使用

9.2.1　STM32L431 的 I²C 引脚

64 引脚 STM32L431RC 芯片共有 3 组 14 个引脚可以配置为 I²C 引脚，具体

笔 记

的引脚及功能如表 9-1 所示。

表 9-1 I²C 模块实际使用的引脚及功能

GEC 引脚号	MCU 引脚名	第一功能
47	PTC0	I²C3_SCL
46	PTC1	I²C3_SDA
15	PTA7	I²C3_SCL
24	PTB4	I²C3_SDA
39	PTB10	I²C2_SCL
38	PTB11	I²C2_SDA
30	PTB13	I²C2_SCL
28	PTB14	I²C2_SDA
27	PTB6	I²C1_SCL
56	PTB7	I²C1_SDA
55	PTB8	I²C1_SCL
54	PTB9	I²C1_SDA
73	PTA9	I²C1_SCL
72	PTA10	I²C1_SDA

实验板的 I²C1 使用 PTA9、PTA10 分别作为 I²C 的 SCL、SDA 引脚；I²C2 使用 PTB10、PTB11 分别作为 I²C 的 SCL、SDA 引脚；I²C3 使用 PTC0、PTC1 分别作为 I²C 的 SCL、SDA 引脚。

9.2.2 I²C 底层驱动构件头文件及使用方法

I²C 底层驱动构件由 i2c.h 头文件和 i2c.c 源文件组成，若要使用 I²C 底层驱动构件，只需将这两个文件添加到所建工程的 03_MCU \MCU_drivers 文件夹中，即可实现对 I²C 的操作。其中，i2c.h 头文件主要包括相关头文件的包含、一些必要的宏定义、API 接口函数的声明；而 i2c.c 源文件则是应用程序接口函数的具体实现，其内容可参阅..03_MCU\MCU_drivers\i2c.c 文件，需要结合 STM32L431 参考手册中的 I²C 模块信息和芯片头文件 STM32L431xx.h 进行分析，对初学者可不作要求。应用开发者只要熟悉 i2c.h 头文件的内容，即可使用 I²C 底层驱动构件进行编程。

下面，给出 I²C 底层驱动构件头文件 i2c.h 的内容。

```
//==========================================================================
//文件名称：i2c.h
```

笔 记

```
//功能概要：I²C 底层驱动构件头文件
//制作单位：SD-EAI&IoT Lab.(sumcu.suda.edu.cn)
//版    本：2020-11-05   V2.0
//适用芯片：STM32
//============================================================================
#ifndef I2C_H
#define I2C_H

#include "string.h"
#include "mcu.h"

typedef enum
{
        I2C_OK = 0,
        I2C_ERROR,
}I2C_STATUS;
//============================================================================
//函数名称：i2c_init
//函数功能：初始化
//函数参数：I2C_No：I2C 号；mode：模式；slaveAddress：从机地址；frequence：波特率
//函数说明：slaveAddress 地址范围为 0～127；frequence：10kbit/s、100kbit/s、400kbit/s
//============================================================================
void i2c_init(uint8_t I2C_No,uint8_t mode,uint8_t slave Address,uint16_t frequence);

//============================================================================
//函数名称：i2c_master_send
//函数功能：主机向从机写入数据
//函数参数：I2C_No：I2C 号；slaveAddress：从机地址；data：待写入数据首地址
//函数说明：slaveAddress 地址范围为 0～127
uint8_t i2c_master_send(uint8_t I2C_No,uint8_t slaveAddress,uint8_t *data);

//============================================================================
//函数名称：i2c_master_receive
//函数功能：主机接收从机数据
```

笔 记

```
//函数参数：I2C_No：I2C号；slaveAddress：从机地址；data：数据存储区
//函数说明：slaveAddress地址范围为0～127
//==========================================================================
uint8_t i2c_master_receive(uint8_t I2C_No,uint8_t slaveAddress,uint8_t *data);

//==========================================================================
//函数名称：i2c_slave_send
//函数功能：从机向主机发送数据
//函数参数：I2C_No：I2C号；data：数据存储区
//函数说明：slaveAddress地址范围为0～127
//==========================================================================
uint8_t i2c_slave_send(uint8_t I2C_No,uint8_t *data);

//==========================================================================
//函数名称：i2c_slave_receive
//函数功能：从机接收主机发送的数据
//函数参数：I2C_No：I2C号；data：数据存储区
//函数说明：slaveAddress地址范围为0～127
//==========================================================================
uint8_t i2c_slave_receive(uint8_t I2C_No ,uint8_t *data);

//==========================================================================
//函数名称：i2c_R_enableInterput
//函数功能：开启接收中断
//函数参数：I2C_No：I2C号
//函数说明：无
//==========================================================================
void i2c_R_enableInterput (uint8_t I2C_No);

//==========================================================================
//函数名称：i2c_R_disableInterput
//函数功能：禁止接收中断
//函数参数：I2C_No：I2C号
//函数说明：无
```

笔 记

```
//======================================================================
void i2c_R_disableInterput (uint8_t I2C_No);

//======================================================================
//函数名称：i2c_T_enableInterput
//函数功能：开启发送中断
//函数参数：I2C_No：I2C 号
//函数说明：无
//======================================================================
void i2c_T_enableInterput (uint8_t I2C_No);

//======================================================================
//函数名称：i2c_T_disableInterput
//函数功能：禁止发送中断
//函数参数：I2C_No：I2C 号
//函数说明：无
//======================================================================
void i2c_T_disableInterput (uint8_t I2C_No);

#endif    // I2C_H
```

任务 9.3 I²C 串行通信的应用层程序设计与测试

9.3.1 I²C 串行通信的应用层程序设计

现将 STM32L431 芯片的 PTC0 和 PTC1 复用为 I²C3 模块，作为主机端；将 PTB10 和 PTB11 复用为 I²C2 模块，作为从机端。连接两端对应引脚连线，实现本机两个 I²C 模块间的通信。将 I²C3 模块宏定义为 I²CA，将 I²C2 模块宏定义为 I²CB[①]。分别将板子上的 PTC0（I²C3_SCL）与 PTB10（I²C2_SCL）引脚相连，且通过上拉电阻上拉至 3.3V；将 PTC1（I²C3_SDA）与 PTB11（I²C2_SDA）引脚相连，且通过上拉电阻上拉至 3.3V，上拉电阻阻值为 1.5～10kΩ。

① 在本工程的 05_UserBoard\user.h 中有宏定义： #define I2CA 2 和 #define I2CB 1

笔 记

在表 2-9 所示的框架下，设计 07_NosPrg 中的文件，以实现 I²C 通信的功能。下面给出通过 UART 使用 printf 函数向计算机串口调试窗口输出 I²C 串行通信结果的参考程序。

1. 主程序源文件 main.c

```
//======================================================================
//文件名称：main.c（应用工程主函数）
//框架提供：SD-ARM（sumcu.suda.edu.cn）
//版本更新：20170801-20210201
//功能描述：见本工程的<01_Doc>文件夹下 Readme.txt 文件
//======================================================================
#define GLOBLE_VAR
#include "includes.h"        //包含总头文件
//----------------------------------------------------------------------
//声明使用到的内部函数
//main.c 使用的内部函数声明处
void Delay_ms(uint32_t ms);
//----------------------------------------------------------------------
//主函数，一般情况下可以认为程序从此开始运行
int main(void)
{
    //（1）======启动部分
    //（1.1）声明 main 函数使用的局部变量
    vuint32_t mMainLoopCount;              //主循环次数变量
    uint8_t data[12]="Thisisai2ch";        //主机存放的数据
    uint8_t i=0;;
    //（1.2）【不变】关总中断
    DISABLE_INTERRUPTS;
    //（1.3）给主函数使用的局部变量赋初值
    mMainLoopCount = 0;
    //（1.4）给全局变量赋初值

    //（1.5）用户外设模块初始化
    uart_init(UART_User, 115200);          //初始化 UART
```

笔 记

```
gpio_init(LIGHT_BLUE,GPIO_OUTPUT,LIGHT_ON);              //初始化蓝灯
i2c_init(I2CA,1,0x74,100);                               //初始化主机
i2c_init(I2CB,0,0x73,100);                               //初始化从机
//（1.6）使能模块中断

//（1.7）【不变】开总中断
ENABLE_INTERRUPTS;
//（1.8）向 PC 串口调试窗口输出信息
printf("----------------------------------------------------\n");
printf("金葫芦提示：请打开 readme 查看测试工程功能！ \n");
printf("金葫芦提示：I2C 构件测试开始！ \n");
printf("金葫芦提示：主机 I2CA 向从机 I2CB 发送消息！ \n");
printf("金葫芦提示：主机 I2CA_SCL 对应 GEC47，从机 I2CB_SCL 对应 GEC39！ \n");
printf("金葫芦提示：主机 I2CA_SDA 对应 GEC46，从机 I2CB_SDA 对应 GEC38！ \n");
printf("金葫芦提示：请打开 User 串口查看 I2C 发送的数据！  \n");
printf("----------------------------------------------------\n");
//（2）======主循环部分
for(;;)
{
    mMainLoopCount++;
    if(mMainLoopCount<=1000000) continue;
    mMainLoopCount=0;
    gpio_reverse(LIGHT_BLUE);
    //使能模块中断
    i2c_R_enableInterput(I2CB);                    //开 I2C 接收中断
    //主机发送数据给从机
    i2c_master_send(I2CA,0x73,&data[i]);           //主机发送数据
    i++;
    if(i>11)
    {
        i=0;
        uart_send1(UART_User,'-');
    }
    Delay_ms(100);
```

笔 记

```
        i2c_R_disableInterput(I2CB);               //关 I2C 接收中断
    }
}
//======以下为主函数调用的子函数存放处
void Delay_ms(uint32_t ms)
{
    for(uint32_t i= 0; i < (4800*ms); i++) __ASM("NOP");
}
```

2．中断服务程序源文件 isr.c

```
//======================================================================
//程序名称：I2C2 接收中断服务程序
//触发条件：I2C2 收到数据
//======================================================================
void I2C2_EV_IRQHandler(void)
{
    uint8_t data1[12];
    DISABLE_INTERRUPTS;                      //关总中断
    //-------------------------------------------------------------------
    //（在此处增加功能）
    i2c_slave_receive(I2CB,data1);           //从机接收 1 个字符
    uart_send1(UART_User,data1[0]);          //通过串口向 PC 回送从机收到的字符
    i2c_R_disableInterput(I2CB);             //关 I2C 接收中断
    //-------------------------------------------------------------------
    ENABLE_INTERRUPTS;                       //开总中断
}
```

9.3.2 I²C 串行通信的应用层程序测试

在系统测试时，需要将板子上的 GEC47（I²CA_SCL）、GEC46（I²CA_SDA）引脚分别与 GEC39（I²CB_SCL）、GEC38（I²CB_SDA）引脚连接。然后按照 1.1.2 节介绍的步骤，将“..\\04-Software\XM09\I2C-STM32L431”工程导入集成开发环境 AHL-GEC-IDE，然后依次编译工程、连接 GEC，最后将工程目录下 Debug 文件夹中的.hex 文件下载至 MCU 中，单击“一键自动更新”按钮，等待程序自动更新完成。当更新完成之后，程序将自动运行。观察小灯亮度的变化

笔 记

和计算机显示器界面显示情况。

【拓展任务】

1．简述 I^2C 总线的数据传输过程。

2．根据 I^2C 通信时序图，利用项目 2 中的 GPIO 底层驱动构件，使用 GPIO 模拟实现 I^2C 的通信功能。

项目 10 利用 TSC 实现触摸感应功能

项目导读：

触摸感应控制器（Touch Sensing Controller，TSC）可用于人体接近感应的人机交互设备中，如触摸键盘、触摸显示屏等场合。在本项目中，首先学习 TSC 的通用知识，理解 TSC 的基本原理；然后学习 TSC 底层驱动构件的使用方法；最后学习 TSC 实现触摸感应功能的应用层程序设计方法与测试方法。

任务 10.1 熟知触摸感应控制器 TSC 的通用知识

10.1.1 触摸感应控制器 TSC 的基本原理

任务 10.1 熟知触摸感应控制器 TSC 的通用知识和任务 10.2 TSC 底层驱动构件的使用

触摸感应控制器（Touch Sensing Controller，TSC）能够使人体触摸金属片连接的引脚作出响应，使用 TSC 作为输入电气设备，不需要操作人员直接接触电路即可感应到用户的操作。因此，TSC 可用于人体接近感应的人机交互设备中，如触摸键盘、触摸显示屏等，可避免对设备的直接操作，降低设备损坏率，减少维护成本。

TSC 模块根据表面电荷转移采集原理进行触摸识别。表面电荷转移采集是测量电极电容大小的一种成熟、稳定且有效的方式。TSC 的原理图如图 10-1 所示。

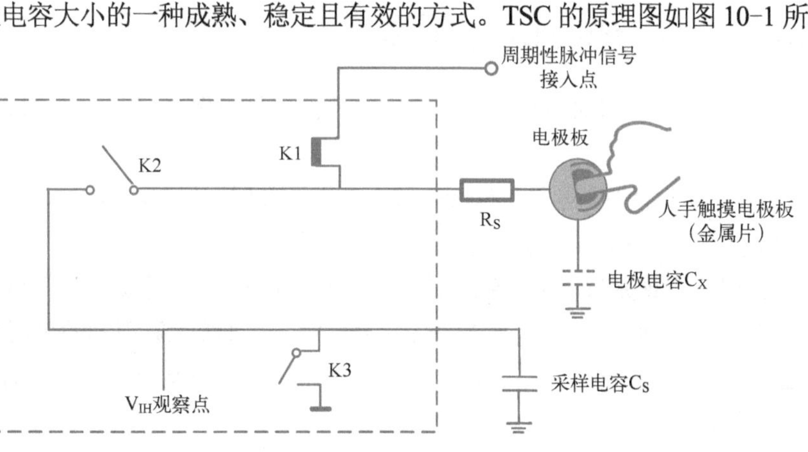

图 10-1 TSC 原理图

笔 记

用虚线绘制的电容 C_X 表示人触摸电极（金属片）产生的电容，以下称为电极电容；C_S 表示的是固定大小的电容，以下称为采样电容。

开关 K1 能够通过判断脉冲信号的类型做出反应，检测到脉冲信号为低电平时，自动断开；检测到脉冲信号为高电平时，自动闭合。开关 K2 检测到脉冲信号为低电平时，自动闭合；检测到脉冲信号为高电平时，自动断开。开关 K3 可以控制 C_X 放电的过程，当开关 K2、K3 同时打开时，C_X 处的电荷便会逐渐释放。可以通过读取 V_{IH} 观察点的数值，反映 C_X 的大小，判断人手触摸电极板的按压程度，数值越小，触摸程度越重。

初始状态，电极电容 C_X 及采样电容 C_S 全为空（即正极无电荷），进入一个识别过程，从 A 点进入周期性脉冲信号，设周期为 T，在一个周期内高电平持续时间为 T_H，低电平持续时间为 T_L。脉冲高电平期间为 C_X 充电，在脉冲低电平期间电荷从 C_X 转移到 C_S。周期性重复这个过程，直到 C_S 上的电压达到一个固定阈值 V_{IH}，此时，可以产生一个中断，完成一个识别过程。这个过程对周期进行计数，并放入计数器，反映了整个过程电荷的转移次数。在中断处理程序中可以读取这个次数，其值间接反映了 Cx 的大小，即触摸金属片的程度，次数少表示触摸程度高。

上述过程也可以使用电荷转移过程分解表加以描述，如表 10-1 所示。

表 10-1　电荷转移过程分解表

状态	K1	K2	K3	状态说明
1	断开	断开	闭合	C_S 放电
2	断开	断开	断开	延时等待时间
3	闭合	断开	断开	C_X 充电
4	断开	断开	断开	延时等待时间
5	断开	断开	闭合	将电荷从 C_X 转移到 C_S
6	断开	断开	断开	延时等待时间
7	断开	闭合	闭合	C_X 放电

10.1.2　有关技术问题进一步说明

在表面电荷转移采集过程中，为稳定周期性重复识别过程，还需要理解以下 5 点。

1）T_H 及 T_L 可编程设置在 500ns～2μs。为了确保更好地测量 C_X，必须设置合适的 T_H 以确保 C_X 始终充满电。

2）完成一个识别过程后，编程使 C_S 放电，以便为下一个识别过程做准备。

3）实际设计时，在 T_H 和 T_L 之间会插入一个系统时钟周期的延时等待时间，在此期间，硬件上会使得 C_X、C_S 与电路断开，处于保持状态，以确保最优电荷转移过程。

笔 记

4）每个触摸电极上应串联一个电阻 R_S，用来提高静电放电（Electro-Static Discharge，ESD）的抗干扰性。

5）采样电容 C_S 的值取决于应用所需要的灵敏度，C_S 的值越大，测量灵敏度就越高，但需要的测量时间会越长，具体取值在这两个因素之间平衡。常见的 C_S 大小可以选取为 0.1μF、1μF、2.2μF、4.7μF 等，在本节中采用 2.2μF 的 C_S 作为测试，读者可根据自身实际情况选择合适的 C_S 进行使用。

任务 10.2　TSC 底层驱动构件的使用

10.2.1　STM32L431 的 TSC 框图和 TSC 引脚

1. STM32L431 的 TSC 框图

STM32L431 芯片的 TSC 模块具有高灵敏和强鲁棒性的电容触摸感应检测能力。该模块通过初始化某个 I/O 组的引脚作为采样电容（需要外接一个电容），再初始化同一个 I/O 组的另一个引脚作为通道。触摸感应控制器框图如图 10-2 所示。

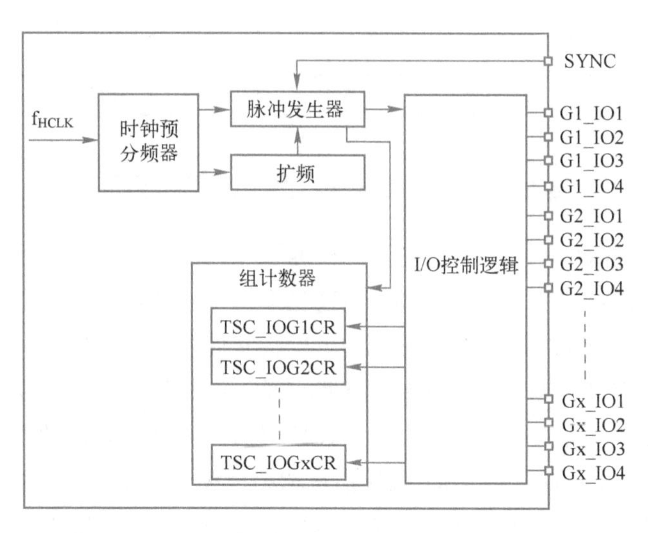

图 10-2　触摸感应控制器框图

通过设置 TSC_CR 中的 TSCE=1，可以使能触摸感应控制器。再通过 IOSCR、IOCCR 两个寄存器将被选择的端口组中的一个引脚设置成采样电容，另一个设置成通道。

2. STM32L431 芯片的 TSC 对外引脚

64 引脚 STM32L431RC 芯片 TSC 模块中共有 4 个 I/O 组，每组中有 4 个引脚。具体的引脚及功能如表 10-2 所示。

表 10-2 TSC 模块实际使用的引脚及功能

组号	GEC 引脚号	MCU 引脚名	第一功能
G1	31	PTB12	TSC_G1_IO1
	30	PTB13	TSC_G1_IO2
	28	PTB14	TSC_G1_IO3
	29	PTB15	TSC_G1_IO4
G2	24	PTB4	TSC_G2_IO1
	25	PTB5	TSC_G2_IO2
	27	PTB6	TSC_G2_IO3
	56	PTB7	TSC_G2_IO4
G3	22	PTA15	TSC_G3_IO1
	14	PTC10	TSC_G3_IO2
	13	PTC11	TSC_G3_IO3
	61	PTC12	TSC_G3_IO4
G4	5	PTC6	TSC_G4_IO1
	4	PTC7	TSC_G4_IO2
	3	PTC8	TSC_G4_IO3
	2	PTC9	TSC_G4_IO4

10.2.2 TSC 底层驱动构件头文件及使用方法

TSC 底层驱动构件由 tsc.h 头文件和 tsc.c 源文件组成，若要使用 TSC 底层驱动构件，只需将这两个文件添加到所建工程的 03_MCU \MCU_drivers 文件夹中，即可实现对 TSC 的操作。其中，tsc.h 头文件主要包括相关头文件的包含、一些必要的宏定义、API 接口函数的声明；而 tsc.c 源文件则是应用程序接口函数的具体实现，其内容可参阅..03_MCU\MCU_drivers\tsc.c 文件，需要结合 STM32L431 参考手册中的 TSC 模块信息和芯片头文件 STM32L431xx.h 进行分析，对初学者可不作要求。应用开发者只要熟悉 tsc.h 头文件的内容，即可使用 TSC 底层驱动构件进行编程。

下面，给出 TSC 底层驱动构件头文件 tsc.h 的内容。

```
//=====================================================================
//文件名称：tsc.h
//功能概要：TSC 底层驱动构件头文件
```

笔 记

```
//版权所有：SD-EDI&IoT Lab.(sumcu.suda.edu.cn)
//版本更新：2020-11-06　V2.0
//======================================================================
#ifndef TSC_H                  //防止重复定义（开头）
#define TSC_H
//1 头文件
#include "mcu.h"               //包含公共要素头文件
#include "string.h"
//2 宏定义
//3 函数声明
//======================================================================
//函数名称：TSC_init
//功能概要：初始化 TSC 模块
//参数说明：chnlIDs:TSC 模块所使用的通道号
//函数返回： 无
//======================================================================
void tsc_init(uint8_t chnlID);

//======================================================================
//函数名称：tsc_get_value
//功能概要：获取 TSC 组 1 的计数值
//参数说明：无
//函数返回：获取 TSC 组 1 的计数值
//======================================================================
uint_16 tsc_get_value(void);

//======================================================================
//函数名称：tsc_enable_re_int
//功能概要：开 TSC 中断，开中断控制器 IRQ 中断
//参数说明：无
//函数返回：无
//======================================================================
void tsc_enable_re_int(void);

//======================================================================
//函数名称：tsc_disable_re_int
//参数说明：无
```

笔 记

```
//函数返回：无
//功能概要：关 TSC 中断,关中断控制器 IRQ 中断
//======================================================================
void tsc_disable_re_int(void);

//======================================================================
//函数名称：tsc_get_int
//功能概要：获取 tsc 中断标志
//参数说明：无
//函数返回：1=有中断产生，0=没有中断产生
//======================================================================
uint8_t tsc_get_int(void);

//======================================================================
//函数名称：tsc_softsearch
//功能概要：开启一次软件扫描
//参数说明：无
//函数返回：无
//======================================================================
void tsc_softsearch(void);

//======================================================================
//函数名称：tsc_clear_int
//功能概要：清除 tsc 中断标志
//参数说明：无
//函数返回：无
//=====================================================
void tsc_clear_int(void);

#endif              //防止重复定义（结尾）
```

任务 10.3 TSC 实现触摸感应功能的应用层程序设计与测试

10.3.1 TSC 实现触摸感应功能的应用层程序设计

现将 STM32L431 芯片的 TSC 的 G1 组的一个引脚 G1_IO2（PTB13，对应

笔 记

GEC30 引脚）初始化为采样电容，实现触摸感应功能。

在表 2-9 所示的框架下，设计 07_NosPrg 中的文件，以实现触摸感应功能。下面给出通过 UART 使用 printf 函数向计算机串口调试窗口输出 TSC 获取的通道计数值的参考程序。

1. 主程序源文件 main.c

```
//======================================================================
//文件名称：main.c（应用工程主函数）
//框架提供：SD-ARM（sumcu.suda.edu.cn）
//版本更新：20210201
//功能描述：见本工程的<01_Doc>文件夹下 Readme.txt 文件
//======================================================================
#define GLOBLE_VAR
#include "includes.h"
//----------------------------------------------------------------------
//声明使用到的内部函数
//main.c 使用的内部函数声明处

//----------------------------------------------------------------------
//主函数，一般情况下可以认为程序从此开始运行
int main(void)
{
    //（1）======启动部分
    //（1.1）声明 main 函数使用的局部变量
    uint32_t mMainLoopCount;           //主循环次数变量
    uint8_t   mFlag;                   //小灯的状态标志
    uint32_t mLightCount;              //小灯的状态切换次数
    uint16_t value;                    //TSC 通道的值
    //（1.2）【不变】关总中断
    DISABLE_INTERRUPTS;
    //（1.3）给主函数使用的局部变量赋初值
    mMainLoopCount=0;                  //主循环次数变量
    mFlag='A';                         //小灯的状态标志
    mLightCount=0;                     //小灯的闪烁次数
    value=0;                           //TSC 通道的值
```

笔 记

```
//（1.4）给全局变量赋初值

//（1.5）用户外设模块初始化
gpio_init(LIGHT_BLUE,GPIO_OUTPUT,LIGHT_ON);          //初始化蓝灯
uart_init(UART_User, 115200);                        //初始化 UART
tsc_init(1);                                         //初始化 TSC
//（1.6）使能模块中断
tsc_enable_re_int( );
//（1.7）【不变】开总中断
ENABLE_INTERRUPTS;

printf("------------------------------------------\n");
printf("金葫芦提示：\n");
printf("（1）目的：TSC 测试\n");
printf("（2）采样电容：GEC 引脚 30（G1_IO2）\n");
printf("      通道 1、3、4：GEC 引脚 31（G1_IO1）、GEC     \n");
printf("        引脚 28（G1_IO3）、GEC 引脚 29（G1_IO4）  \n");
printf("（3）测试方法：用杜邦线接上 GEC 引脚 30           \n");
printf("        触摸另一侧针头，观察 value 的变化情况     \n");
printf("------------------------------------------\n");
//（2）=====主循环部分
for(;;)
{
//启动 tsc 扫描
tsc_softsearch( );
//（2.1）主循环次数变量+1
mMainLoopCount++;
//（2.2）未达到主循环次数设定值，继续循环
if (mMainLoopCount<=3000000)   continue;
//（2.3）达到主循环次数设定值，执行下列语句，进行灯的亮暗处理
//（2.3.1）清除循环次数变量
mMainLoopCount=0;
//（2.3.2）如灯状态标志 mFlag 为'L'，灯的闪烁次数+1 并显示，改变灯状态及标志
if (mFlag=='L')                          //判断灯的状态标志
{
```

笔 记

```
            mLightCount++;
            printf("灯的闪烁次数 mLightCount=%d\n",mLightCount);
            mFlag='A';                          //小灯的状态标志
            gpio_set(LIGHT_BLUE,LIGHT_ON);  //小灯"亮"
            printf(" LIGHT_BLUE:ON--\n");       //串口输出小灯的状态
        }
        //（2.3.3）如灯状态标志 mFlag 为'A'，则改变灯状态及标志
        else
        {
            mFlag='L';                          //小灯的状态标志
            gpio_set(LIGHT_BLUE,LIGHT_OFF); //小灯"暗"
            printf(" LIGHT_BLUE:OFF--\n");      //串口输出小灯的状态
        }
        value = tsc_get_value();                //获取电荷转移次数
        if(value > 3)
        {   //因为空气中也会产生电容，所以 value 会产生很小的值
            printf("value = %d\n", value);
        }
    }
}
```

2. 中断服务程序源文件 isr.c

```
//=====================================================================
//程序名称：TSC_IRQHandler
//触发条件：TSC 采集结束或者最大计数值错误
//备    注：进入本程序后，使用 tsc_get_int 函数可再进行中断标志判断
//          （1-有中断，0-没有中断）
//=====================================================================
void TSC_IRQHandler(void)
{
    uint16_t   i;
    DISABLE_INTERRUPTS;         //关总中断
    if(tsc_get_int( ))
    {
        i = tsc_get_value( );
```

笔 记

```
            //空气也可以和引脚形成一个电容，会导致采集的值发生变化，而不是 0
            if(i > 8 && i < 40)            //判断是否为一次有效触摸
            {
                printf("有效触摸 TSC\n");
            }
            else if(i > 8190)
            {
                printf("最大计数错误 MCEF\n");
            }
        }
         tsc_clear_int( );
        //----------------------------------------------------------------
        ENABLE_INTERRUPTS;           //开总中断
    }
```

当 TSC 通道计数值超出预定的阈值的上下限时，将产生 TSC 中断，报告最大计数错误。当每次采集完成后，也会进入中断，但本程序只有当触摸作为通道的引脚时，即计数值下降后，直到低于一定的值，才会提示有效触摸。此处如果使用的电容不同，计数值也将不同。

10.3.2 TSC 实现触摸感应功能的应用层程序测试

在系统测试时，需要通过杜邦线连接板子上的 GEC30 引脚。然后按照 1.1.2 节介绍的步骤，将“..\\04-Software\XM10\TSC-STM32L431”工程导入集成开发环境 AHL-GEC-IDE，然后依次编译工程、连接 GEC，最后将工程目录下 Debug 文件夹中的.hex 文件下载至 MCU 中，单击“一键自动更新”按钮，等待程序自动更新完成。当更新完成之后，程序将自动运行。在触摸 GEC30 引脚连线时，观察小灯亮度的变化和计算机显示器界面显示情况。

【拓展任务】

1. 简述 STM32L431 的 TSC 模块基本原理。
2. 修改 10.3.1 节的程序，实现当 MCU 确认有效触摸时，改变红灯的状态。

附录 嵌入式系统常用的C语言基本语法

C 语言是在 20 世纪 70 年代初问世的。1978 年美国电话电报公司（AT&T）贝尔实验室正式发表了 C 语言。由 B. W. Kernighan 和 D. M. Ritchit 合著的 *The C Programming Language* 一书，被简称为《K&R》，也有人称之为 K&R 标准。但是，在《K&R》中并没有定义一个完整的标准 C 语言，后来由美国国家标准学会在此基础上制定了一个 C 语言标准，于 1983 年发表，通常称之为 ANSI C 或标准 C。

在此，简要介绍 C 语言的基本知识，特别是和嵌入式系统编程密切相关的基本知识，未学过标准 C 语言的读者可以通过本附录了解 C 语言，以后通过实例逐步积累相关编程知识。对 C 语言很熟悉的读者，可以跳过此部分内容。

A.1 C 语言的运算符与数据类型

1. C 语言的运算符

C 语言的运算符分为算术、逻辑、关系和位运算及一些特殊的操作符。表 A-1 列出了 C 语言的常用运算符及说明。

表 A-1　C 语言的常用运算符及说明

<table>
<tr><th>运算类型</th><th>运算符</th><th>简明含义</th></tr>
<tr><td>算术运算</td><td>+、-、*、/、%</td><td>加、减、乘、除、取模</td></tr>
<tr><td>逻辑运算</td><td>||、&&、!</td><td>逻辑或、逻辑与、逻辑非</td></tr>
<tr><td>关系运算</td><td>>、<、>=、<=、==、!=</td><td>大于、小于、大于或等于、小于或等于、等于、不等于</td></tr>
<tr><td>位运算</td><td>~、<<、>>、&、^、|</td><td>按位取反、左移、右移、按位与、按位异或、按位或</td></tr>
<tr><td>增量和减量</td><td>++、--</td><td>增量运算符、减量运算符</td></tr>
<tr><td rowspan="3">复合赋值</td><td>+=、-=、>>=、<<=</td><td>加法赋值、减法赋值、右移位赋值、左移位赋值</td></tr>
<tr><td>*=、|=、&=、^=</td><td>乘法赋值、按位或赋值、按位与赋值、按位异或赋值</td></tr>
<tr><td>%=、/=</td><td>取模赋值、除法赋值</td></tr>
<tr><td>指针和地址</td><td>*、&</td><td>取内容、取地址</td></tr>
<tr><td rowspan="2">输出格式转换</td><td>0x、0o、0b、0u</td><td>无符号十六进制、八进制、二进制、十进制数</td></tr>
<tr><td>0d</td><td>带符号十进制数</td></tr>
</table>

笔 记

2. C 语言的数据类型

C 语言的数据类型有基本数据类型和构造数据类型两大类。基本数据类型是指字节型、整型及实型，如表 A-2 所示。

构造数据类型有数组、指针、枚举、结构体、共用体和空类型。枚举是一个被命名为整型常量的集合。结构体和共用体是基本数据类型的组合。空类型字节长度为 0，主要有两个用途：一是明确地表示一个函数不返回任何值；二是产生一个同一类型指针（可根据需要动态地分配给其内存）。

嵌入式中还常用到寄存器类型（register）变量，简要说明如下。通常，内存变量（包括全局变量、静态变量、局部变量）的值存放在内存中的。CPU 访问内存变量要通过三总线（地址总线、数据总线、控制总线）进行，如果有一些变量使用频繁，存取变量的值则要花不少时间。为提高执行效率，C 语言允许使用关键字“register”声明，将少量局部变量的值放在 CPU 中内部寄存器中，需要用时直接从寄存器取出参加运算，不必再到内存中存取。关于 register 类型变量的使用需注意：

1）只有局部变量和形式参数可以使用寄存器变量，其他变量（如全局变量、静态变量）不能使用 register 类型变量。

2）CPU 内部寄存器数目很少，不能定义任意多个寄存器变量。

表 A-2 C 语言基本数据类型

数据类型		简明含义	位数	字节数	值域
字节型	signed char	有符号字节型	8	1	-128～+127
	unsigned char	无符号字节型	8	1	0～255
整型	signed short	有符号短整型	16	2	-32 768～+32 767
	unsigned short	无符号短整型	16	2	0～65 535
	signed int	有符号短整型	16	2	-32 768～+32 767
	unsigned int	无符号短整型	16	2	0～65 535
	signed long	有符号长整型	32	4	-2 147 483 648～+2 147 483 647
	unsigned long	无符号长整型	32	4	0～4 294 967 295
实型	float	浮点型	32	4	$\pm3.4\times(10^{-38}\sim10^{+38})$
	double	双精度型	64	8	$\pm1.7\times(10^{-308}\sim10^{+308})$

A.2 程序流程控制

在程序设计中主要有三种基本控制结构：顺序结构、选择结构和循环结构。

笔 记

1. 顺序结构

顺序结构就是从前向后依次执行语句。从整体上看，所有程序的基本结构都是顺序结构，中间的某个过程可以是选择结构或循环结构。

2. 选择结构

在大多数程序中都会包含选择结构。其作用是，根据所指定的条件，决定执行哪些语句。在 C 语言中主要有 if 和 switch 两种选择结构。

（1）if 结构

```
if (表达式) 语句项;
```

或

```
if (表达式)
    语句项;
else
    语句项;
```

如果表达式取值真（除 0 以外的任何值），则执行 if 的语句项；否则，如果 else 存在的话，就执行 else 的语句项。每次只会执行 if 或 else 中的某一个分支。语句项可以是单独的一条语句、也可以是多条语句组成的语句块（要用一对大括号“{}”括起来）。

if 语句可以嵌套，有多个 if 语句时 else 与最近的一个配对。对于多分支语句，可以使用 if ... else if ... else if ... else ...的多重判断结构，也可以使用下面讲到的 switch 开关语句。

（2）switch 结构

switch 是 C 语言内部多分支选择语句，它根据某些整型和字符常量对一个表达式进行连续测试，当一常量值与其匹配时，它就执行与该变量有关的一个或多个语句。switch 语句的一般形式如下。

```
switch(表达式)
{
    case 常数 1:
        语句项 1;
        break;
    case 常数 2:
        语句项 2;
        break;
```

笔 记

```
    …
    default:
        语句项;
}
```

根据 case 语句中给出的常量值，按顺序对表达式的值进行测试，当常量与表达式值相等时，就执行这个常量所在的 case 后的语句块，直到碰到 break 语句，或者 switch 的末尾为止。若没有一个常量与表达式值相符，则执行 default 后的语句块。default 是可选的，如果它不存在，并且所有的常量与表达式值都不相符，那就不做任何处理。

switch 语句与 if 语句的不同之处在于 switch 只能对等式进行测试，而 if 可以计算关系表达式或逻辑表达式。

break 语句在 switch 语句中是可选的，如果不用 break，则从当前满足条件的 case 语句开始连续执行后续指令，不判断后续 case 语句的条件，一直到碰到 break 或 switch 的末尾为止。为了避免输出不应有的结果，建议在每一 case 语句之后加 break 语句，使每一次执行之后均可跳出 switch 语句。

3. 循环结构

C 语言中的循环结构常用 for 循环、while 循环与 do...while 循环。

（1）for 循环

```
for(初始化表达式; 条件表达式; 修正表达式)
{循环体}
```

执行过程为：先求解初始化表达式；再判断条件表达式，若为假（0），则结束循环，转到循环下面的语句；如果其值为真（非 0），则执行“循环体”中语句。然后求解修正表达式；再转到判断条件表达式处根据情况决定是否继续执行“循环体”。

（2）while 循环

```
while(条件表达式)
{循环体}
```

当表达式的值为真（非 0）时执行循环体。其特点是：先判断后执行。

（3）do...while 循环

```
do
{循环体}
while(条件表达式);
```

笔 记

其特点是：先执行后判断。即当流程到达 do 后，立即执行循环体一次，然后才对条件表达式进行计算、判断。若条件表达式的值为真（非 0），则重复执行一次循环体。

4. break 和 continue 语句在循环中的应用

在循环中常常使用 break 语句和 continue 语句，这两个语句都会改变循环的执行情况。break 语句用来从循环体中强行跳出循环，终止整个循环的执行；continue 语句使其后语句不再被执行，进行新的一次循环（可以形象地理解为返回循环开始处执行）。

A.3 函数

所谓函数，即子程序，也就是“语句的集合”，就是说把经常使用的语句群定义成函数，供其他程序调用，函数的编写与使用要遵循软件工程的基本规范。

使用函数要注意：函数定义时要同时声明其类型；调用函数前要先声明该函数；传给函数的参数值，其类型要与函数原定义一致；接收函数返回值的变量，其类型也要与函数类型一致等。函数传参有传值与传址之分。

函数的返回值语句格式为：

```
return 表达式;
```

return 语句用来立即结束函数，并返回一确定值给调用程序。如果函数的类型和 return 语句中表达式的值不一致，则以函数类型为准。对数值型数据，可以自动进行类型转换，即函数类型决定返回值的类型。

A.4 数据存储方式

C 语言中，存储与操作方式除基本变量方式外，还有数组、指针、结构体、共用体，此外，数据类型还可使用 typedef 定义别名，方便使用。

1. 数组

在 C 语言中，数组是一个构造类型的数据，是由基本类型数据按照一定的规则组成的。构造类型还包括结构体类型、共用体类型。数组是有序数据的集合，数组中的每一个元素都属于同一个数据类型。用一个统一的数组名和下标唯

笔 记

一地确定数组中的元素。

（1）一维数组的定义和引用

定义方式为：

```
类型说明符 数组名[常量表达式];
```

其中，数组名的命名规则和变量相同。定义数组的时候，需要指定数组中元素的个数，即常量表达式需要明确设定，不可以包含变量。例如：

```
int a[10];      //定义了一个整型数组，数组名为 a，有 10 个元素，下标 0～9
```

数组必须先定义，然后才能使用。而且只能通过下标一个一个的访问。形如：数组名[下标]。

（2）二维数组的定义和引用

定义方式为：

```
类型说明符 数组名[常量表达式][常量表达式];
```

例如：

```
float   a[3][4];       //定义 3 行 4 列的数组 a，下标 0～2，0～3
```

其实，二维数组可以看成是两个一维数组。可以把 a 看作是一个一维数组，它有 3 个元素：a[0]，a[1]，a[2]，而每个元素又是一个包含 4 个元素的一维数组。二维数组的表示形式为：数组名[下标][下标]。

（3）字符数组

用于存放字符数据（char 类型）的数组是字符数组。字符数组中的一个元素存放一个字符。例如：

```
char   c[5];
c[0] = 't'; c[1] = 'a'; c[2] = 'b'; c[3] = 'l'; c[4] = 'e';
//字符数组 c[5]中存放的就是字符串"table"
```

在 C 语言中，是将字符串作为字符数组来处理的。但是，在实际应用中，关于字符串的实际长度，C 语言规定了一个“字符串结束标志”，以字符'\0'作为标志（实际值 0x00）。即如果有一个字符串，前面 n-1 个字符都不是空字符（即'\0'），而第 n 个字符是'\0'，则此字符的有效字符为 n-1 个。

（4）动态数组

动态数组是相对于静态数组而言。静态数组的长度是预先定义好的，在整个程序中，一旦给定大小后就无法改变。而动态数组则不然，它可以随程序需要而重新指定大小。动态数组的内存空间是从堆（heap）上分配（即动态分配）的，

笔 记

是通过执行代码而为其分配存储空间。当程序执行到这些语句时，才为其分配。程序员自己负责释放内存。

在 C 语言中，可以通过 malloc、calloc 函数，进行内存空间的动态分配，从而实现数组的动态化，以满足实际需求。

（5）数组如何模拟指针的效果

其实，数组名就是一个地址，一个指向这个数组元素集合的首地址。可以通过数组加位置的方式进行数组元素的引用。例如：

```
int   a[5];      //定义了一个整型数组，数组名为 a，有 5 个元素，下标 0～4
```

访问到数组 a 的第 3 个元素方式有：

方式一：a[2];

方式二：*(a+2)

关键是数组的名称本身就可以当作地址看待。

2. 指针

指针是 C 语言中广泛使用的一种数据类型，运用指针是 C 语言最主要的风格之一。在嵌入式编程中，指针尤为重要。利用指针变量可以表示各种数据结构，很方便地使用数组和字符串，并能像汇编语言一样处理内存地址，从而编出精练而高效的程序。但是使用指针要特别细心，计算得当，避免指向不适当区域。

指针是一种特殊的数据类型，在其他语言中一般没有。指针是指向变量的地址，实质上指针就是存储单元的地址。根据所指的变量类型不同，可以是整型指针（int *）、浮点型指针（float *）、字符型指针（char *）、结构指针（struct *）和联合指针（union *）。

（1）指针变量的定义

其一般形式为：

```
类型说明符 * 变量名;
```

其中，*表示这是一个指针变量，变量名即为定义的指针变量名，类型说明符表示本指针变量所指向的变量的数据类型。例如：

```
int *p1;    //表示 p1 是指向整型数的指针变量，p1 的值是整型变量的地址
```

（2）指针变量的赋值

指针变量同普通变量一样，使用之前不仅要进行声明，而且必须赋予具体的值。未经赋值的指针变量不能使用，否则将造成系统混乱，甚至死机。指针变量的赋值只能赋予地址。例如：

笔 记

```
int a;              //a 为整型数据变量
int *p1;            //声明 p1 是整型指针变量
p1 =&a;             //将 a 的地址作为 p1 初值
```

（3）指针的运算

1）取地址运算符&：取地址运算符&是单目运算符，其结合性为自右至左，其功能是取变量的地址。

2）取内容运算符*：取内容运算符*是单目运算符，其结合性为自右至左，用来表示指针变量所指的变量。在*运算符之后跟的变量必须是指针变量。例如：

```
int a,b;            //a,b 为整型数据变量
int *p1;            //声明 p1 是整型指针变量
p1 =&a;             //将 a 的地址作为 p1 初值
a=80;
b=*p1;              //运行结果:b=80，即为 a 的值
```

注意：取内容运算符“*”和指针变量声明中的“*”虽然符号相同，但含义不同。在指针变量声明中，“*”是类型说明符，表示其后的变量是指针类型。而表达式中出现的“*”则是一个运算符，用以表示指针变量所指的变量。

3）指针的加减算术运算：对于指向数组的指针变量，可以加/减一个整数 n（由于指针变量实质是地址，给地址加/减一个非整数就错了）。设 pa 是指向数组 a 的指针变量，则 pa+n、pa−n、pa++、++pa、pa−−、−−pa 运算都是合法的。指针变量加/减一个整数 n 的意义是把指针指向的当前位置（指向某数组元素）向前或向后移动 n 个位置。

注意：数组指针变量前/后移动一个位置和地址加/减 1 在概念上是不同的。因为数组可以有不同的类型，各种类型的数组元素所占的字节长度是不同的。如指针变量加 1，即向后移动 1 个位置，表示指针变量指向下一个数据元素的首地址。而不是在原地址基础上加 1。例如：

```
int a[5],*pa;       //声明 a 为整型数组（下标为 0～4），pa 为整型指针
pa=a;               //pa 指向数组 a，也是指向 a[0]。
pa=pa+2;            //pa 指向 a[2]，即 pa 的值为&pa[2]
```

注意：指针变量的加或减运算只能对数组指针变量进行，对指向其他类型变量的指针变量作加/减运算是毫无意义的。

（4）void 指针类型

顾名思义，void *为“无类型指针”，即用来定义指针变量，不指定它是指向哪种类型数据，但可以把它强制转化成任何类型的指针。

众所周知，如果指针 p1 和 p2 的类型相同，那么可以直接在 p1 和 p2 间互相赋值；如果 p1 和 p2 指向不同的数据类型，则必须使用强制类型转换运算符把赋值运算符右边的指针类型转换为左边指针的类型。例如：

```
float *p1;            //声明 p1 为浮点型指针
int *p2;              //声明 p2 为整型指针
p1 = (float *)p2;     //强制转换整型指针 p2 为浮点型指针值给 p1 赋值
```

而 void *则不同，任何类型的指针都可以直接赋值给它，无须进行强制类型转换。

```
void *p1;             //声明 p1 无类型指针
int *p2;              //声明 p2 为整型指针
p1 = p2;              //用整型指针 p2 的值给 p1 直接赋值
```

但这并不意味着，“void *”也可以无需强制类型转换地赋给其他类型的指针，也就是说 p2=p1 这条语句编译就会出错，而必须将 p1 强制类型转换成“int *”类型。因为“无类型”可以包容“有类型”，而“有类型”不能包容“无类型”。

3. 结构体

结构体是由基本数据类型构成的，并用一个标识符来命名的各种变量的组合。结构体中可以使用不同的数据类型。

（1）结构体的声明和结构体变量的定义

例如，声明一个名为 student 的结构体变量类型，其代码如下。

```
struct student        //声明一个名为 student 的结构体变量类型
{
    char name[8];     //成员变量 name 为字符型数组
    char class[10];   //成员变量 class 为字符型数组
    int age;          //成员变量 age 为整型
};
```

这样，若声明 s1 为一个“student”类型的结构体变量，则使用如下语句。

```
struct student s1;          //声明 s1 为 student 类型的结构体变量
```

又例如，声明一个名为 student 的结构体变量类型，同时声明 s1 为一个

笔 记

student 类型的结构体变量，其代码如下。

```
Struct   student              //声明一个名为 student 的结构体变量类型
{
     char name[8];            //成员变量 name 为字符型数组
     char class[10];          //成员变量 class 为字符型数组
     int age;                 //成员变量 age 为整型
}s1;                          //声明 s1 为 student 类型的结构体变量
```

（2）结构体变量的使用

结构体是一个新的数据类型，因此结构体变量也可以像其他类型的变量一样赋值运算，不同的是结构体变量以成员作为基本变量。

结构体成员的表示方式如下。

```
结构体变量.成员名
```

如果将“结构体变量.成员名”看成一个整体，则这个整体的数据类型与结构体中该成员的数据类型相同，这样就像前面所讲的变量那样使用。例如：

```
s1.age=18;       //将数据 18 赋给 s1.age（理解为学生 s1 的年龄为 18）
```

（3）结构体指针

结构体指针是指向结构体的指针。它由一个加在结构体变量名前的“*”操作符来声明。例如用上面已声明的结构体声明一个结构体指针如下。

```
struct   student   *Pstudent;     //声明 Pstudent 为一个 student 类型的指针
```

使用结构体指针对结构体成员的访问，与结构体变量对结构体成员的访问在表达方式上有所不同。结构体指针对结构体成员的访问表示如下。

```
结构体指针名->结构体成员
```

其中"->"是两个符号"-"和">"的组合，好像一个箭头指向结构体成员。例如要给上面定义的结构体中 name 和 age 赋值，可以使用下面语句。

```
strcpy(Pstudent->name,"LiuYuZhang");
Pstudent->age=18;
```

实际上，Pstudent->name 就是(*Pstudent).name 的缩写形式。

需要指出的是，结构体指针是指向结构体的一个指针，即结构体中第一个成员的首地址，因此在使用之前应该对结构体指针初始化，即分配整个结构体长度的字节空间。这可用下面函数完成。

```
Pstudent=(struct student*)malloc(sizeof (struct student));
```

sizeof(struct student)自动求取student结构体的字节长度，malloc函数定义了一个大小为结构体长度的内存区域，然后将其地址作为结构体指针返回。

4．共用体

在进行某些算法的C语言编程时，需要使几种不同类型的变量之间的切换，可以将它们存放到同一段内存单元中。也就是使用覆盖技术，几个变量互相覆盖。这种几个不同的变量共同占用一段内存的结构，在C语言中，被称作“共用体”类型结构，简称共用体。语法如下。

```
union 共用体名
{
    成员表列
}变量表列;
```

有的文献中文翻译为“联合体”，似乎不妥，中文使用“共用体”一词更为妥当。

5．用typedef声明类型别名

除了可以直接使用C语言提供的标准类型名（如int、char、float、double、long等）和自己声明的结构体、指针、枚举等类型外，还可以用typedef声明新的类型名来代替已有的类型名。例如：

```
typedef unsigned char uint_8;
```

指定用uint_8代表unsigned char类型。这样下面的两个语句是等价的。

```
unsigned char n1;          等价于          uint_8 n1;
```

用法说明如下。

1）用typedef可以声明各种类型名，但不能用来定义变量。

2）用typedef只是对已经存在的类型增加一个类型别名，而没有创造新的类型。

3）typedef与#define有相似之处，如：

```
typedef unsigned int uint_16;
#define uint_16 unsigned int;
```

这两句的作用都是用uint_16代表unsigned int（注意顺序）。但事实上它们二者不同，#define是在预编译时处理，它只能做简单的字符串替代；而typedef是在编译时处理。

笔 记

4）当不同源文件中用到各种类型数据（尤其是像数组、指针、结构体、共用体等较复杂数据类型）时，常用 typedef 定义一些数据类型，并把它们单独存放在一个文件中，然后在需要用到它们时，用#include 命令把该文件包含进来。

5）使用 typedef 有利于程序的通用与移植。特别是用 typedef 定义结构体类型，在嵌入式程序中常用到。例如：

```
typedef struct student
{
    char name[8];
    char class[10];
    int age;
}STU;
```

以上声明了新类型名 STU，代表一个结构体类型。可以使用该新的类型名来定义结构体变量。例如：

```
STU student1;      //定义 STU 类型的结构体变量 student1
STU *S1;           //定义 STU 类型的结构体指针变量*S1
```

A.5 编译预处理

C 语言提供编译预处理的功能，“编译预处理”是 C 编译系统的一个重要组成部分。C 语言允许在程序中使用几种特殊的命令（它们不是一般的 C 语句）。在 C 编译系统对程序进行通常的编译（包括语法分析、代码生成、优化等）之前，先对程序中的这些特殊的命令进行“预处理”，然后将预处理的结果和源程序一起再进行常规的编译处理，以得到目标代码。C 提供的预处理功能主要有宏定义、条件编译和文件包含。

1. 宏定义

```
#define 宏名 表达式
```

表达式可以是数字、字符，也可以是若干条语句。在编译时，所有引用该宏的地方，都将自动被替换成宏所代表的表达式。例如：

```
#define PI 3.1415926      //以后程序中用到数字 3.1415926 就写 PI
#define S(r) PI*r*r       //以后程序中用到 PI*r*r 就写 S(r)
```

笔 记

2. 撤销宏定义

```
#undef 宏名
```

3. 条件编译

```
#if   表达式
#else 表达式
#endif
```

如果表达式成立，则编译#if 下的程序，否则编译#else 下的程序，#endif 为条件编译的结束标志。

```
#ifdef   宏名          //如果宏名称被定义过，则编译以下程序
#ifndef   宏名         //如果宏名称未被定义过，则编译以下程序
```

条件编译通常用来调试、保留程序（但不编译），或者在需要对两种状况做不同处理时使用。

4. “文件包含”处理

所谓“文件包含”是指一个源文件将另一个源文件的全部内容包含进来，其一般形式如下。

```
#include   "文件名"
```

参考文献

[1] Free Software Foundation Inc.Using as The GNU Assembler [Z]. Version 2.11.90.[S.1.]: [s.n.], 2012.

[2] NATO Communications and Information Systems Agency. NATO Standard for Development of Reusable Software Components[S].[S.1.]: [s.n.]，1991.

[3] ARM. ARMv7-M Architecture Reference Manual[Z].[S.1.]: [s.n.]，2014.

[4] ARM. ARM Cortex-M4 Processor Technical Reference Manual Revision r0p1[Z].[S.1.]: [s.n.], 2015.

[5] ARM. Cortex-M4 Devices Generic User Guide[Z].[S.1.]: [s.n.]，2010.

[6] BRYANT R E, O'HALLARON D R. Computer systems: a programmer's perspective[M]. 3rd ed. Boston:Person, 2016.

[7] ST. STM32L431xx Datasheet Rev.3[Z].[S.1.]: [s.n.]，2018.

[8] ST. STM32L4xx Reference manual Rev.4[Z].[S.1.]: [s.n.]，2018.

[9] Yiu J. ARM Cortex-M3 与 Cortex-M4 权威指南：第 3 版[M]. 吴常玉，曹孟娟，王丽红，译. 北京：清华大学出版社，2015.

[10] 王宜怀，吴瑾，文瑾. 嵌入式技术基础与实践：ARM Cortex-M0+KL 系列微控制器[M]. 4 版. 北京：清华大学出版社，2017.

[11] 王宜怀，许粲昊，曹国平. 嵌入式技术基础与实践：基于 ARM-Cortex-M4F 内核的 MSP432 系列微控制器[M]. 5 版. 北京：清华大学出版社，2019.

[12] 王宜怀，张建，刘辉. 窄带物联网 NB-IoT 应用开发共性技术[M]. 北京：电子工业出版社，2019.

[13] 王宜怀，李跃华. 汽车电子 KEA 系列微控制器[M]. 北京：电子工业出版社，2015.

[14] GANSSLE J. 嵌入式系统设计的艺术：第 2 版[M]. 李中华，张雨浓，等译. 北京：人民邮电出版社，2011.

[15] 王宜怀，刘长勇，帅辉明. 窄带物联网技术基础与应用[M]. 北京：人民邮电出版社，2020.

[16] 王宜怀. 嵌入式技术基础与实践：基于 STM32L431 微控制器[M]. 6 版. 北京：清华大学出版社，2021.